堤防渗漏与形变在线监测及预警技术推广及应用

朱萍玉　张清明　王锐　李长征　著

U0253071

黄河水利出版社

·郑州·

内 容 提 要

针对堤防安全大范围监测特点,围绕光纤传感技术在堤防上实施的规范化和有效利用等具体问题,开展了光纤性能探索试验、堤防渗漏光纤监测试验与分析、堤防形变光纤监测试验与分析、光纤布设保护装置、多通道扩展器、堤防隐患监测与预警系统及工程推广应用等方面的研究。本书以推动堤防安全监测技术的发展、提高堤防安全运行水平为目的,具有较强的实用性。

本书可供从事堤防工程运行管理、堤防安全监测的管理人员和技术人员使用。

图书在版编目(CIP)数据

堤防渗漏与形变在线监测及预警技术推广及应用/朱萍玉等著. —郑州:黄河水利出版社,2020.5
ISBN 978 - 7 - 5509 - 2680 - 6

Ⅰ.①堤… Ⅱ.①朱… Ⅲ.①堤防 - 在线监测系统
Ⅳ.①TV871

中国版本图书馆 CIP 数据核字(2020)第 090616 号

出 版 社:黄河水利出版社   网址:www.yrcp.com
          地址:河南省郑州市顺河路黄委会综合楼14层   邮政编码:450003
发行单位:黄河水利出版社
          发行部电话:0371 - 66026940、66020550、66028024、66022620(传真)
          E-mail:hhslcbs@126.com
承印单位:虎彩印艺股份有限公司
开本:787 mm×1 092 mm 1/16
印张:11.5
字数:265 千字   印数:1—1 000
版次:2020 年 5 月第 1 版   印次:2020 年 5 月第 1 次印刷

定价:80.00 元

前　言

　　我国堤防工程类型多、堤线长、分布广,运行条件差异大,堤身堤基隐患分布随机性强,运行管理水平参差不齐,管理难度大。根据全国水利发展统计公报,截至 2018 年年底,全国已建 5 级以上堤防 31.2 万 km,累计达标堤防 21.8 万 km,其中 1 级、2 级达标堤防长度 3.4 万 km。

　　1998 年特大洪水以后,我国在大江大河上斥巨资进行重点堤段除险加固,使得堤防工程的抗洪能力整体得到了明显增强。但由于堤防工程自身的复杂性和施工技术水平的限制,目前仍有部分堤防工程堤基防渗能力差,堤身质量差,堤后坑塘多,河势变化剧烈,河滩被冲蚀,堤防迎流顶冲,险情随时可能发生,为了能及时发现和处理堤防隐患及险情,开展堤防安全监测工作十分重要,可实时监测堤防的运行状态,有效保障堤防工程安全运行。

　　本书共 11 章,对堤防工程安全监测理论和方法、分布式光纤测量原理做了细致的论述,通过开展光纤性能探索试验、堤防渗漏光纤监测试验与分析、堤防形变光纤监测试验与分析、光纤布设保护装置、多通道扩展器、堤防隐患监测与预警系统及工程推广应用等方面的研究,使基于布里渊光时域反射分析技术的堤防渗漏形变监测技术进一步熟化,具有针对江河湖堤防安全监测的普遍适用性。为渗漏、形变演变的过程和发展趋势提供预警支持,为加固抢险决策提供技术支撑。

　　本书编写人员及编写分工如下:第 1 章和第 2 章由朱萍玉撰写,第 3 章至第 9 章由张清明撰写,第 10 章、第 11 章由王锐、李长征撰写。本书由朱萍玉、张清明担任统稿。

　　由于受编写时间的限制,书中不妥之处在所难免,敬请广大读者和专家批评指正,在此表示诚挚的谢意!

作　者

2020 年 5 月

目　录

第 1 章　绪　论

中华人民共和国在成立之初只有 4.2×10^4 km 堤防,其中土堤坝占了 78% 之多,经过几十年的发展时间,截至 2018 年年底,全国已建 5 级以上江河堤防 31.2×10^4 km,累计达标堤防 21.8×10^4 km,达标率为 69.8%。其中 1 级、2 级堤防 4.22×10^4 km,累计达标堤防 3.4×10^4 km,达标率为 80.5%。筑修堤防不仅给人类社会带来许多益处,而且促进了社会各个方面的发展,但是我们也注意到堤防长期运行会产生一定的安全隐患。因此,应加强对堤防的日常维护及保养,对工程中存在的早期隐患进行及时处理,从而避免堤防失事。

我国堤防受到自然及社会的双重影响。一方面,我国的大部分河堤建于中华人民共和国成立初期,限于当时的技术水平再加上运行年限长久,因而出现不同程度开裂、变形、渗漏等现象;另一方面,堤防结构类型多样、材料的力学性质复杂、筑堤方式的多样性等,使得堤防的隐患监测工作变得不容易,导致堤防的日常维护管理变得繁杂。我国河道因为淤泥的沉积、河床情况复杂、水流变动频繁等因素,影响堤防的安全。传统结构的堤防坝岸基础在施工完成后不能一次性达到稳定的特性,决定了堤防工程基础将随河床冲刷变形而发生变化,需要经常性的维护。堤防一般要经过长期的冲刷及几次大的抢险,使得堤基堤坡的深度和坡度达到一定程度时才会基本稳定。我国许多研究学者开展了堤防安全监测技术的研究,但是一些传统的监测方法和常规监测系统容易漏测,获取的结构参数信息有限,不足以反映结构的实际运行状态,已经不能满足现状的要求,因此需要新的技术手段来进行堤防的安全监测。

堤防出现事故大多不是偶然的,通常与堤防未发现的隐患有关,由于不能及时准确地监测到隐患,当隐患发展到一定的阶段就会变成险情,导致堤防出险。虽然物探技术已经广泛用于水工建筑物,但是仍然存在一些不足,因此需要一种新的监测技术,突破已有监测技术的局限,对建筑物的施工到正常运行时的险情、隐患进行监测。现在堤防工程对监测技术要求越来越高,堤防监测的重点在于如何监测到已经出现的隐患并进行识别。因而,需要新的堤防监测技术手段来识别堤防隐患,进而构建堤防安全监测系统。

分布式光纤传感是近年来发达国家竞相研发的一项尖端技术,它的传感单元不但具有抗射频、抗电磁场干扰、防燃、防爆、抗腐蚀、耐高电压、耐电离辐射等特点,且具有大信号传输快捷、实时、动态和分布广的诸多优点,可以弥补堤防点式监测盲区的数据空缺,提高堤防安全监测的可靠性和精度。

布里渊散射光时域测量技术利用了背向布里渊散射频率对光纤所受应力、应变和温度十分敏感,而且有较好的线性关系特性。由于背向布里渊散射频移的灵敏性,它的测量精度很高,应变的测量精度可达 10^{-5} 数量级;与传统的监测技术相比,其特点主要有分布式、长距离、高精度、耐久性好等;与通常采用的光纤传感技术相比,其突出的优点在于它不需对光纤进行特殊加工,不需要像光纤光栅传感技术那样对光纤光栅传感单元实施特别保护,尤其是不需要多路信号的解调技术,它只需对光纤沿线返回的布里渊散射光信号进行专门处理即可。监测系统简化,监测信号处理方便快捷,可长距离分布式测量。受激布里渊散射是光纤材料的内在性质,它提供了光纤中应变和温度分布的重要信息,可以使用标准的或特殊的单模通信光纤作为传感器,通过使用专门设备可以测得光纤中某节点的受激布里渊散射信息,可以实现对沿光纤温度场和形变量的分布式测量。

充分利用分布式光纤传感技术长距离、实时性、精度高和耐久性长等优点,通过开展光纤性能试验研究、布里渊光时域温度应变分析系统的改造、光纤传感器布设方案设计、多通道采集改造、堤防渗漏与应变监测数据处理软件开发以及在实际工程中的推广应用等,使基于布里渊光时域反射分析技术的堤防渗漏形变监测技术进一步熟化,具有针对江河湖堤防安全监测的普遍适用性,为渗漏、变形、演变的过程和发展趋势提供预警支持,为加固抢险决策提供技术支撑。

第 2 章　　堤防工程安全监测理论与方法

2.1　堤防险情机制分析

我国堤防的结构、形式和材料多样化,有的采用混凝土结构的堤防,有的采用土石结构的堤防。例如,黄河堤防采用的就是土石结构的丁坝形式,其中堤防工程采用的材料主要是土石材料。土石结构堤防工程的特点如下:①从材料方面来看,来源方便简单,可以就地取材,运输成本低;然而土石材料也存在一些缺陷,防水能力不强,当堤防进行正常挡水后,在上下游水位差的作用下容易发生渗漏。②从结构方面来看,土石结构的堤防适应变形能力较强,能够和建筑物较好的结合;但是堤防的顶部不能承受水流溢出。③从技术方面来看,技术原理简单,比较容易掌握,可以进行机械化施工;但是堤防填筑工程比较大,填筑后的质量易受到天气等因素的影响。④从管理方面来看,土石结构堤防的运行时间长久,管理容易,维修、加固及扩建比较容易开展;但是这样也带来了后期管理的工作量,修筑好的堤防需要经常性的加固才能相对稳定,因此需要较多的人力、物力投入。

虽然堤防采用的材料和结构形式各有不同,但是堤防工程的基本结构形式是大同小异的。堤防工程一般由堤基、堤身、堤坡、堤顶结构组成。堤防结构示意图如图 2-1 所示。

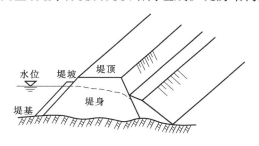

图 2-1　堤防结构示意图

堤防隐患是指那些潜在的堤防危险,还没有发展到破坏堤防的情况。但是随着堤防隐患进一步的发展态势,且堤防在汛期或自然因素的影响下,易变成险情,比如洞穴、空隙、裂缝、小的变形、开裂等不利于堤防稳定的异常险情。当前堤防隐患的主要类型包括以下几种:①渗漏。堤防材料抗渗性能不足,材料中含杂物过多,堤防填筑质量差,在水压力作用下形成渗漏。②裂缝。堤防材料的混杂以及外力破坏造成堤防结构损坏形成的裂缝。③洞穴。由于动物、人为因素等原因造成的堤防出现洞穴。④软弱层。堤防材料不密封或者不够结实。⑤滑坡、崩岸。水流持续冲刷堤防导致堤防不稳定,从而出现堤防边坡滑坡,甚至崩岸等险情。

如果堤防在汛期时遇到迅猛的洪水,那么堤防隐患很可能变成险情。由于堤防传统检测方法的缺陷,导致我国的堤防隐患检测水平不能满足现在的需求,堤防安全评价工作还有待进一步的提高。堤防隐患根据部位可以分为堤身隐患和堤基隐患:①堤身隐患。主要是指堤防的堤身内部或者外部存在的缺陷,包括裂隙、沉降、洞穴,新旧堤结合的不够好,填筑堤身的土质较差;堤身夹杂了一些异物。②堤基隐患。主要是指已经建立的堤基未经处理存在的缺陷,包括生物造成的洞穴;植物腐蚀形成的空隙;堤基原有的暗沟、暗管等;堤基内存在旧时的井、坑等。

导致堤防工程出现险情的因素比较复杂,堤防出现险情的形式也比较多样化。一般来说,尽管堤防出险的原因繁多复杂,但是可以归纳为以下主要三点:①河势比较复杂,河流含沙量大,下游河道变化,河床冲蚀变化频繁,河床可动性大,土质不均匀等原因。②堤防不能承受强大的水流冲刷,在强大的水流冲刷下会导致堤防的堤基出现冲刷坑,冲刷坑的形成无疑导致堤防自身重量增大、堤坡不稳,从而出现滑坡形成险情。③影响堤防出险的其他原因,如堤防修筑质量、场地、季节、材料等因素。

2.2 堤防安全监测的内容及方法

2.2.1 堤防安全监测的内容

为了掌握堤防滑动和不均匀沉降的情况,需要对堤防进行变形监测。为了掌握渗漏发生的情况,确定其确切位置和通道的大小、渗漏强度,需要对堤防内部的温度场进行长期的监测。堤防隐患监测主要内容有堤防外部变形监测及堤防内部变形监测、堤防内部温度监测。

(1)堤防外部变形监测:将监测仪器和设备设置于堤防的表面或孔口表面,用以量测结构表面测点的宏观变形量。

(2)堤防内部变形监测:将监测仪器和设备埋设在堤防内部,用以量测内部测点空间分布的宏观变形或微观变形。

(3)堤防内部温度监测:堤防表层温度受一年四季气温变化的影响较为显著,而堤防内部受气温变化的影响较弱。在夏季,堤防表面温度比内部温度高;冬季时,堤防表面温度比内部温度低。堤防内部发生渗漏时,其渗流通道周围的原有温度场平衡也相应地发生变化,堤防地表浅层的温度场也会跟着改变。因此,利用预埋分布式光纤温度传感器,就有可能现场探测温度的变化,来推算堤防内部渗漏通道的埋深与位置范围。

2.2.2 堤防安全监测的方法

堤防安全监测的技术及方法比较多,有传统技术和现代技术之分,它们有各自的特点。本书主要介绍以下几种方法,并进行了相关试验。

(1)探地雷达技术。它是一种电磁探测技术。该技术通过发射高频电磁波脉冲穿过被测体内部并在不同介质界面产生反射波,然后被另外一端接收,再经过软件的反演分析得到最终的结果。该技术具有高分辨率和无损探测等优点,比较适用于堤防隐患的监测,可以探测地表下一定深度的裂缝、洞穴以及其他与堤身填筑材料有明显电性差异并具一定规模的异常体等。当堤防隐患距离堤顶小于 10 m 时,探地雷达的探测效果较好。但是,探地雷达技术也存在探测距离小,并且探测的分辨率随探测深度的加深而变低等缺点。

(2)弹性波层析成像(Computed Tomography,CT)技术。它是利用地震波或声波进行地球物理高精度层析成像,是一种边界投影反演方法。该技术利用观测数据,依据一定的物理定律和数学关系进行反演计算,从而得到物体内部与观测场相关的参数分布,并以图像的形式表现出来。在进行现场测试时,利用冲击震源激发地震波,多通道采集地震动记录,通过软件分析提取面波频散特性,从而得到物体内部的结构和物性。弹性波层析成像需要在预先埋设声测管或 PVC 管进行检测,因此工程量大、成本高。

该技术用于郑州龙湖防渗墙工程的检测。需要工作人员 4～5 名,测试时间长,且操作具有一定的危险性,工作周期长。弹性波 CT 检测现场如图 2-2 所示。

图 2-2　弹性波 CT 检测现场

(3)电法探测技术。堤防内部各处含水量不同,从而使得堤防内部电阻率剖面也跟随着变化,因此监测堤防内部电阻率的变化通过软件的反演分析可以间接获得堤防内部情况。高密度电阻率法采用了阵列勘探的方法,可用于探测堤防的裂缝、洞穴、断裂、渗漏等。但是地形的差异对该探测技术精度有较大影响,电极距离太大会降低电法效率,地面起伏不平整也会使探测出现较大偏差。由于该技术是位场勘探,其分辨率受到探测深度的影响,因此该技术的应用推广受到一定的限制。

该技术曾用于岗李试验堤防的监测,从测试的结果来看,电法测试反演结果能够反映出堤防内部情况,但是测试速度慢、效率低。其现场如图 2-3 所示。

图 2-3　电法测试

（4）热电阻测温技术。热电阻是一种常用的温度测试仪器，该系统包括热阻传感器、导线和二次仪表等部件。由于热阻测量精度高，性能比较稳定，所以用途较为广泛。通常采用铜电阻作为温度传感器，但是由于铜电阻的本身特性，不适合工作在高温、腐蚀性的环境。因此，常用于测试环境要求不高的温度检测。

该技术曾用于岗李试验堤的温度监测，测试结果能够较好地反映出测试点温度值，但是该技术只能单点测试，对于长距离测量速度慢，效率低下。热阻布设现场如图2-4所示。

图2-4 热阻布设

（5）分布式光纤传感技术。作为一门迅猛崛起的高新传感技术，其理论发展和实践应用的研究也在不断地深入。目前，对于堤防形变、温度监测的探索和研究正在不断发展，但这些研究常为点式的监测，并且各个传感器之间的距离很大，存在有些地方定位不到的情况。因此，不能实现及时准确的预警。在进行工程结构安全监测时，有一些传统的非破坏性的方法，如电磁法、声发射法等，穿透地面时容易受到电磁干涉的影响，在灵敏度和重复性方面有缺陷。相比之下，由于光纤传感器不受电磁干扰、抗潮湿、抗侵蚀，且在长期使用和重复性方面具有优势。因此，光纤传感器已经开始用于工程建筑的安全监测。分布式光纤传感技术可以根据想要监测的目标，采用直接测量方式或间接测量方式来对堤防进行监测：①直接测量是将光纤直接布设于被监测物体内，光纤随着被监测物的形变、温度的变化，得到的应变、温度信息即为被监测物的应变情况及温度分布。直接测量法可以有效地对堤防的险情进行预警，但是不利于长期监测。②间接测量是将光纤布设在一定支撑结构上或使用光纤传感器探头，被监测物的形变、温度转化为支撑结构或传感器的相应参数变化量，再转化为光纤的应变、温度，通过检测光纤上的应变、温度间接得到被监测物的形变和温度。间接测量法可以进行长期的监测，但是要设计专门的支撑结构，并且要求所用的支撑结构或传感器的变化量与光纤的应变、温度有很好的对应关系。

基于布里渊散射技术的分布式光纤传感器可以测定光纤沿线任一点上的温度和应力。加拿大的 Roctest Instruments Ltd. 公司，瑞士的 Omnisens 公司、Smartech 公司，美国的 NRL 公司，英国的 Sensornet 公司及 Kent 大学和 Southampton 大学等都开展了分布式光纤传感器的研究。国内的宁波振东光电公司与德国 GOES（Geostationary Operational Environmental Satellite）公司合作开发的分布式光纤温度传感器（DTS）系统，在水电站面板坝渗漏、温度场的监测等项目中取得了成功的应用。由于布里渊散射光用一般的技术比较难以提取并监测到,因此国外的一些研究机构,如加拿大的 ISIS 研究所、瑞士的 Omnisens 公司、日本的 NTT 光纤研究所等运用了 OTDR 技术,采用光频转换和检波技术开发出了基于布里渊散射的分布式光纤应变和温度检测仪器。

随着分布式光纤技术的理论成熟和实践应用的不断发展,分布式光纤传感技术也越来越多地被堤防工程所采用。如张丹等将分布式光纤传感技术用于工程结构健康监测。王宝军、丁勇、隋海波等将分布式光纤传感技术用于边坡变形的监测及实践,并取得了较好的效果。朱萍玉、蒋桂林等采用分布式光纤传感技术用于土坝模型渗漏监测分析,得到了堤防渗漏与温度场的初步关系,并用 Ansys 进行了有限元的分析。蔡德所将分布式光纤传感技术用于监测三峡大坝混凝土温度场,为分布式光纤传感技术用于堆石坝混凝土温度的监测提供了试验参考。丁睿等研究了分布式光纤传感器裂缝模型,为堤防的裂缝监测提供了试验依据。黄河水利科学研究院引进了 Omnisens 公司的分布式温度、应变测量系统,并开展了堤防工程的渗漏与应变监测工作。德国 GTC 公司同慕尼黑科技大学合作开展了光纤分析仪,并在土耳其 Birecik 混凝土坝等工程都做了相关研究工作。目前,加拿大渥太华大学和瑞士联邦工学院研发的基于布里渊散射的分布式光纤传感技术已广泛应用于电力、电厂、电线等安全的在线监测。

分布式光纤传感器不仅具有光纤传感器的相关优势特点,而且还具有分布式、长距离监测等特点,该类传感器目前主要用于监测温度和应变。具体的应用有以下四个方面:①隧道、桥梁方面。由于传统的传感技术已经暴露出它们的劣势,如抗干扰能力不强,难以实现现场非电、远程分布式、大范围监控等。因此,光纤传感技术成为这些大型工程安全监测的首选传感器。②油气、管道方面。输送管道或储藏罐的泄漏监测、温度监测及故障点的定位检测。③电力、电厂方面。电缆电线表面温度监控、定位,发电厂和变电站的火情监测和预警。④水利土木工程方面。大坝、堤防、边坡的温度、应变测试,大型建筑物的结构位移、应变监测及预警等。

2.3　基于分布式光纤传感技术的堤防渗漏与形变监测原理

2.3.1　堤防渗漏监测原理

2.3.1.1　渗漏与土体热传导模型

渗漏形成后,堤防内部渗漏场与温度场相互作用、影响并达到动态平衡状态,形成温度场影响下的渗漏场及渗漏场影响下的温度场。从物理过程来分析,可以认为热能通过介质的接触进行热交换,渗漏体则因存在势能差会在土体的孔隙中发生流动,同时热能传播的介质携带热能将会沿着运动迹线进行交换和扩散。从理化过程来分析时,热能的变化将导致堤防内部土体温度的改变,从而影响土体和渗漏流体理化特性的改变。由于细砂土堤防的热学特性比较复杂,它涵括了热传导、对流热传输和热辐射三个基本的热过程。堤防内的温度主要受堤外空气和河道中水温影响,而空气的影响主要针对堤防表面,对于深度超过 10 m 时,其内部温度下降不到 1 ℃,因此垂直方向的热传导基本可以忽略,室内模拟试验在常温下进行时,可以不计热传导和热辐射的影响。

研究表明,热的对流方式传输比纯热传导更有效,在量级为 $10^{-7} \sim 10^{-6}$ m/s 的 Darcy 速度下,总的热传输由对流部分控制。这时堤内的温度分布主要受水流温度的影响。由于所研究的内容包括了渗漏通道、土体和所处环境,因此在这里对理论模型运用条件做如下假设和简化:

(1)渗漏通道形成后,认为渗漏通道和堤防土体是完全不同的两种导热介质。

(2)在渗漏通道的横截面内,水流自身对流换热速度快,流体不存在温度上的差异。

(3)当渗漏发生一段时间后,渗流场和温度场均达到稳定的状态。

(4)土体均匀且各向同性,未发生渗漏时,堤防土体初始温度场分布均匀。

由于渗漏对温度场的影响范围和堤防的尺寸相比很小,因此基于以上假设,运用稳定热传导理论建立如图 2-5 所示的模型。

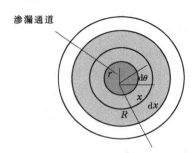

图 2-5　土体热传导模型微单元

根据稳定温度场的能量守恒定律,在单元体的闭合边界上,单位时间内热净流量为零。所以,有下列等式成立:

$$- \left(k \frac{\mathrm{d}T}{\mathrm{d}x} \right) 2\pi x \Big|_{x=r} + \left(k \frac{\mathrm{d}T}{\mathrm{d}x} \right) 2\pi x \Big|_{x=r+\mathrm{d}r} = 0 \tag{2-1}$$

式中:k 为热传导系数。

把式(2-1)中的第一项用 Taylor 公式在 $x = r$ 处展开,再略去高阶可得:

$$\frac{\mathrm{d}}{\mathrm{d}x} \left(2\pi x k \frac{\mathrm{d}T}{\mathrm{d}x} \right) \Big|_{x=r} = 0 \tag{2-2}$$

当 k 为常数时:

$$\frac{\mathrm{d}}{\mathrm{d}x} \left(x \frac{\mathrm{d}T}{\mathrm{d}x} \right) = 0 \tag{2-3}$$

把渗漏通道作为土体传热模型边界,如图 2-6 所示,单位时间通过界面 S 的水体积所释放出的热量 q 为

$$q = -\pi r_0^2 \int_0^v c\rho \frac{\mathrm{d}T}{\mathrm{d}z} \mathrm{d}v = -\pi r_0^2 c\rho \frac{\mathrm{d}T}{\mathrm{d}z} v \tag{2-4}$$

式中:v 为渗漏流速;c 为渗漏水的质量热容。

渗漏通道形成的二类边值条件为:

$$x = r_0 \, q = \frac{q_1}{2\pi r_0} = -\frac{1}{2} r_0 c\rho \frac{\mathrm{d}T}{\mathrm{d}z} v \tag{2-5}$$

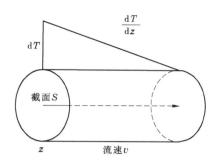

图 2-6 渗流通道截面热流量

式中：ρ 为渗漏水的密度。

由式(2-5)可以计算出在渗径上距渗漏通道中心点的位置与温度的一般解：

$$T = C_1 \ln x + C_2 \qquad (2-6)$$

式中：C_1、C_2 为待定系数。

通过上面的分析可以得出，在已知总渗漏流量时，渗漏通道半径大小和渗流速度有关；与渗漏通道中心点的距离不同，引起的土体温度变化程度也不同，见图 2-7。

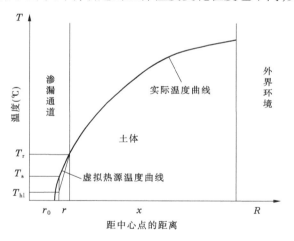

图 2-7 渗漏土体温度分布示意图

2.3.1.2 渗漏与光纤温度的关系

由于布里渊散射是由介质声学声子引起的非弹性散射，因此布里渊散射的频移和强度等特性参数主要取决于介质的声学、弹性力学和热弹性力学等。当光纤的温度和应变等发生变化时，就会引起这些介质特性改变。基于布里渊散射的分布式光纤传感技术就是利用了温度对布里渊散射谱的调制关系，通过检测布里渊散射光的强度和布里渊频移来确定沿传感光纤上的温度分布。

渗漏形成后，堤防内渗漏场与温度场相互作用、影响并达到动态平衡，形成温度场影响下的渗漏场及渗漏场影响下的温度场，如图 2-8 所示。

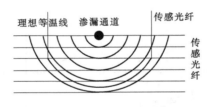

（a）温度分布及光纤布设

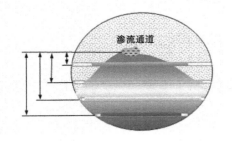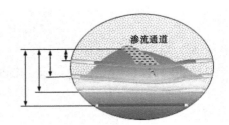

（b）渗漏发生初期示意图　　　　　　　　　（c）渗漏发生后期示意图

图 2-8　理想热传导模型与传感光纤埋设位置关系

图 2-8 中 S_1、S_2、S_3、S_4 为传感光纤埋设位置，d_1、d_2、d_3、d_4 为传感光纤距离渗流通道距离。

堤防渗漏一旦发生，就将形成渗漏通道，渗漏通道的形成为水从土石堤防表面渗透到内部提供了路径，由于水温和堤防内部的土体温度存在差异，通过土体的热传导模型可知，渗透水流经的土体区域内存在水和土体之间的热量交换，将引起土体内温度的变化。渗漏水流速越大，渗透力度就越强，从而引起土体温度变化区域越广。将传感光纤按不同位置布设在渗漏通道周围，通过传感光纤监测到温度的变化，可以得知渗透水所涉及的土体区域大小，从而间接估算出渗漏流速的大小、强度。

2.3.2　沉降坍塌与光纤的应力应变关系

堤防内埋设光纤与周边松散介质的随动性将影响光纤传感器对土层沉降产生应力应变的测量。因此，沉降应力与光纤应变之间以及光纤应变与被监测堤防沉降程度之间关系的确定，直接影响光纤在实际应用中的标定。由于光纤的尺寸比较小，光纤埋设于堤防内部不会影响堤防的强度，埋入堤防内部的光纤会随着土层的形变而发生变形，光纤与周围土层之间发生大的相对摩擦时，光纤与周围的土层可以视为一个整体。堤防任一点产生的形变矢量 δ 可以分解为水平位移 δ_x、侧向水平位移 δ_y 和竖直位移 δ_z，即

$$\delta = \delta_x + \delta_y + \delta_z \tag{2-7}$$

通过光纤变形量的监测和堤防位移的方向来判定堤防险情类别具有重要的意义。沉降是坍塌的前期征兆，会导致大的裂缝、渗漏的产生，渗漏又会加剧沉降，进而出现坍塌、决堤等险情。因此，沉降、坍塌是堤防险情监测的重要工作。

项目探讨了沉降、坍塌与光纤应变及位移方向的关系，并对其进行简化处理。简化险

情模式如图 2-9 ~ 图 2-12 所示。

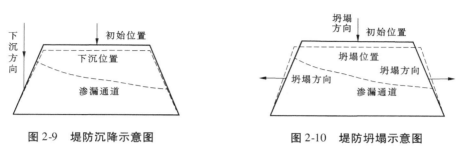

图 2-9　堤防沉降示意图　　　　　图 2-10　堤防坍塌示意图

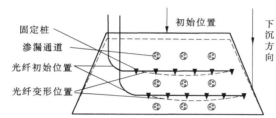

图 2-11　堤防沉降时光纤变形示意图

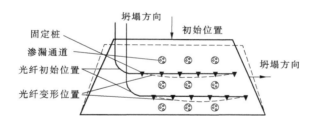

图 2-12　堤防坍塌时光纤变形示意图

由于土体的力学性能比较复杂,其应力应变关系呈现为复杂的弹塑性本构关系。在沉降发生之前,光纤的应变与土体变形呈线性变化;当出现沉降的趋势或发生缓慢沉降时,光纤的应力应变应该呈现趋势性的改变;当发生大的沉降时,光纤的应力应变则会发生突变。一般来讲,光纤所受的压力随着沉降发生的大小程度而变化,沉降程度越严重,光纤所受来自沉降土层的压力将越大。当沉降逐渐严重甚至发生坍塌时,光纤会在急剧坍塌的土层作用下发生大的变形,甚至破坏。

在对试验堤防进行加载分析时,堤防上方施加荷载不同,光纤长度上各个单元的应变值也不同,施加荷载越大,光纤应变值越大。由于施加的荷载模拟沉降土壤的压力,因此荷载的大小可以用来定性衡量沉降大小的程度,实现通过应变值来判定沉降大小程度的目的。荷载与光纤的应变呈现线性关系。不同土层的光纤所受的压力也是不同的,深处的光纤受到的压力比浅处光纤受到的压力大。

2.3.3　堤防竖直方向的应变温度监测原理

为了研究堤防受力发生形变情况及堤防内部温度场分布特点,对堤防的形变、温度进行现场实时监测,需要设定合理的监测方式以及传感器布设方式。为了实现从堤基到堤顶的梯度式的变形、温度监测,构建了基于分布式光纤传感器的竖向结构形变和温度监测布设方式,如图 2-13 所示。在堤防上进行打孔,根据试验的目的和要求,将孔的深度、直径设定在合理的范围,以便于光纤布设和试验监测。考虑到光纤布设时是将光纤放入到孔内,为保证光纤与周围介质的变形协调,还要对钻孔进行浇筑填充。但在浇筑时应针对原

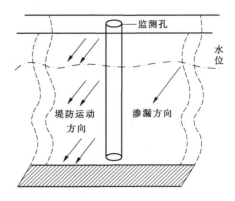

图 2-13　堤防竖直方向监测

位介质的力学参数,合理调整浇筑浆液的配合比,使浆液凝固后的基本力学性质与原位介质的力学参数基本相同,从而使布设于钻孔中的传感光纤能与周围岩土介质较好地耦合为一体,共同变形。

在竖向物体的重力作用下,光纤承受的压力太大,可能导致光纤的破坏,因此提出了一种新型的光纤传感器调整盒用于保护放入孔底的光纤。该调整盒使用方便、操作简单,不仅可以保证光纤弯曲部位的曲率,同时又可根据需要调整光纤曲率的大小,而且还可以保证光纤在弯曲的部位不受外力。目前该装置已成功申请专利,专利申请号为201210119475.3。光纤传感器调整盒内部结构如图 2-14 所示。

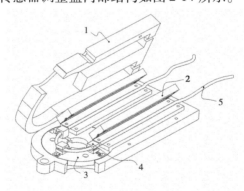

1—调整盒盒体;2—光纤固定夹;
3—光纤固定盘;4—光纤套环;5—光纤
图 2-14　光纤传感器调整盒内部结构

堤防内部的温度分布情况,根据相关理论可知,堤防内部的温度会随季节性而发生变化。而堤防表面的温度则取决于太阳辐射的热量和地面辐射回天空的热量的平衡。随着距地表面距离的增大,地壳内部受地表温度变化的影响越来越小,在变温带以下有一层恒温带,恒温带以下则不受太阳辐射周期性变化的影响。在夏季时,孔外的温度比孔内的要高,孔外的温度值随着孔深而逐渐降低,但是到了一定的深度时,温度值会趋于稳定。在冬季时,孔外的温度比孔内的要低,孔外的温度值随着孔深而逐渐升高,到了一定的深度,温度值也会趋于稳定。理想的温度曲线如图 2-15 所示。

堤防沿深度方向温度通常可以分为 3 层：变温层、恒温层、增温层。变温层在地面以下 0 ~ 15 m，土壤温度受地表面温度年周期变化的影响较大，其温度波波幅比较大。随着深度的增大，温度波波幅逐渐减小，到地下 20 m 处，波幅就非常小了，比堤防表面温度低很多。随着深度进一步加大，温度波波幅越来越小，在地下 20 ~ 50 m，土壤温度逐渐趋于稳定，变为一条平稳的直线。堤防内部的情况比较复杂，可对其进行简化处理。通

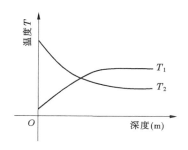

图 2-15　堤防内部温度季节分布

过测量堤防竖直方向的应变情况，判定堤防是否发生倾斜或坍塌；通过探测温度值判定堤防是否发生渗流，为堤防工程安全监测提供依据。

2.4　堤防工程预警分析

对堤防工程进行安全监测，人们希望能够在较短的时间内根据监测信息及时发现堤防的异常，对堤防的安全状态做出评价。预警指标作为一种主要的评判准则，以其简便快速的特点给堤防安全管理带来很大的方便。只需要将监测值与预警指标进行比较，当监测值小于预警指标时，堤防是安全的；当监测值大于预警指标时，堤防可能出现异常，应立即查明原因，并采取相应的工程措施进行除险加固，保障堤防安全运行。因此，结合堤防工程的特点，科学合理地拟定预警指标，是保障堤防工程安全运行的关键。

估计预警指标的主要任务是根据堤防已经抵御经历荷载的能力，来评估和预测抵御可能发生荷载的能力，即确定在最不利荷载组合下监测效应量的警戒值和极值。但是，由于有些堤防可能并没有遭遇最不利的荷载，堤防抵御荷载的能力也在不断变化。因此，估计预警指标是一个相当复杂的问题，应根据堤防的具体情况，以及光纤监测数据的特点综合分析论证，拟定合理的预警指标。

2.4.1　堤防形变预警

堤防在实际运行过程中，经常会发生沉降、滑坡、坍塌等，形变是这些破坏的明显先兆，因此堤防变形监测是堤防安全监测的主要内容。在堤防变形安全方面，力学分析法（极限平衡法和有限元法）对于一些基本稳定的堤防，能够做出合理的定性的判断，但对于一些介于稳定与非稳定之间的堤防，却难以准确计算安全程度。尤其对于发生了一定位移的堤防，力学分析法很难判断是否会继续发生变形或保持稳定。一方面是由于力学分析法本身含有诸多假定，不能精确；另一方面是由于堤防工程土性不均匀和边界条件复杂。因此，对于堤防变形的评价和预报，除做一些力学分析外，主要也是以现场的位移监测成果为依据。基于现场监测数据的统计推断方法，早已用于堤防工程安全的判断和预报。在这方面国内外已有很多的研究工作和实践经验。但是位移的发展究竟达到什么速率或满足什么条件，就能判定是否将发生破坏，尚没有一个明确的标准，也就是说还没有一个破坏发生的充分的判据。实践中不同研究者采用了各种不同的数学或经验方法。堤

防的变形破坏有自身的特点,它往往是与河流冲刷引起的崩岸联系在一起,其安全评价和预报有更大的难度,研究也很少。

采用分布式光纤传感技术对堤防形变进行监测,获得测值曲线后,结合其长距离、大范围监测的特点,可以从测值曲线整体的变化趋势来对堤防的运行状态进行评价,即对不同时间的测值曲线进行对比分析,若曲线的变化趋势发生了明显的变化,在排除操作及测量误差等原因后,就应该进行现场勘察,查找异常发生的原因,并及时采取工程措施除险加固,保障堤防安全运行。此外,还可以根据光纤的测值,选取典型监测点,采用典型小概率法,对典型监测点的数据进行统计分析,确定典型点的预警指标,从而通过对比测值与预警指标的大小来评价堤防的安全状态。

2.4.1.1 典型小概率法的基本原理

根据堤防的具体情况,从以往的光纤监测资料中,选择不利荷载组合时的变形监测值作为典型监测效应量 E_{mi}。显然 E_{mi} 为随机变量,每个时间段选取一个子样,得到一个小子样样本空间,即

$$E = \{E_{m1}, E_{m2}, \cdots, E_{mn}\}$$

$$\overline{E} = \frac{1}{n} \sum_{i=1}^{n} E_{mi} \tag{2-8}$$

$$\sigma_E = \sqrt{\frac{1}{n-1}\left(\sum_{i=1}^{n} E_{mi}^2 - n\overline{E}^2\right)} \tag{2-9}$$

式中:$\overline{E}$ 为样本空间的一阶原点矩;σ_E 为样本空间标准差的无偏估计;n 为样本空间中的样本个数。

由式(2-8)和式(2-9)计算小子样样本空间 E 的数字特征值,依据随机变量的统计特性,假定其概率密度函数 $f(E)$ 以及分布类型,通过小子样统计检验方法进行检验来确定分布函数 $F(E)$。

令 E_m 为监测效应量的极值,即预警指标,根据堤防工程重要性确定失事概率 $P_\alpha(\alpha)$,当 $E > E_m$ 时,堤防将要出现异常情况或险情,根据已确定的典型监测效应量的 $f(E)$ 和 $F(E)$,失事概率为:

$$P_\alpha = P(E > E_m) = \int_{E_m}^{\infty} f(E)\,\mathrm{d}E \tag{2-10}$$

根据 E_{mi} 的分布函数求出对应失事概率 α 下的预警指标 E_m。

$$E_m = F^{-1}(E, \alpha) \tag{2-11}$$

2.4.1.2 非参数假设检验法

通常在选定典型效应量后,得到一个小子样样本空间 $\{E_{m1}, E_{m2}, \cdots, E_{mn}\}$,根据子样分布情况,首先假定母体分布类型,如正态分布、对数正态分布和极值 I 型分布等,其中,正态分布为对称分布,对数正态分布和极值 I 型分布为偏态分布。其次,假定分布类型后要依据随机变量的特点,采用皮尔逊 χ^2 法、K–S 法、A–D 法进行分布检验。由于水工随机变量的子样个数一般较少,为中小样的分布检验。通常选用 K–S 法和 A–D 法。

1. K–S 法的检验步骤

K–S 法由柯尔莫哥洛夫(Kolmogorov)和斯米尔诺夫(Smirnov)提出,该法需要计算每

个子样的经验分布函数 $F(X_i)$ 与假设的分布函数 $F_0(X_i)$，并检验 $F(X_i)$ 与 $F_0(X_i)$ 之间的偏差，具体步骤如下：

（1）假设 H_0 : 子样服从某个已知分布函数 $F_0(X)$，即 $F(X) = F_0(X)$，则有

$$F(X_i) = \frac{\sum f_i}{m} \tag{2-12}$$

式中： f_i 为每个子样出现的次数； $\sum f_i$ 为累积频数； m 为样本容量。

（2）计算子样对应的 $F_0(X_i)$。

（3）计算 $F(X_i)$ 与 $F_0(X_i)$ 的偏差 $G_m(X_i)$。

$$G_m(X_i) = F(X_i) - F_0(X_i) \tag{2-13}$$

（4）求出偏差最大值。

$$G_{\max} = \max G_m(X_i) = \max\left[F(X_i) - F_0(X_i) \right]$$

（5）由给定的置信水平 α 及样本容量 m，查表得 $G_m(X_i)$ 的临界值 G_m^α。

（6）当 $G > G_m^\alpha$ 时，拒绝假设 H_0；反之，则接受假设 H_0。

2. $A - D$ 法的检验步骤

$A - D$ 法由安德森（Anderson）和达林（Darling）提出，该法同样需要计算每个子样的经验分布函数 $F(X_i)$ 与假设的分布函数 $F_0(X_i)$ 的偏差，但它检验的不是单点的最大差值，而是整个分布区域的偏差之和，具体步骤如下：

（1）假设 H_0 : $F(X) = F_0(X)$。

（2）计算子样资料对应的 $F_0(X_i)$，$F_0(X_{m+1-i})$。

（3）计算统计量 A_m

$$A_m = - m - \frac{1}{m} \sum_{i=1}^{m} (2i - 1)\left\{ \ln F_0(X_i) + \ln\left[1 - F_0(x_{m+1-i}) \right] \right\} \tag{2-14}$$

式中： i 为子样从大到小的排列序号。

（4）根据给定的置信水平 α 及样本容量 m，求出相应的临界值 $(A_m^\alpha)^2$。如果 $(A_m)^2 > (A_m^\alpha)^2$，则拒绝假设 H_0；反之，接受假设 H_0。

2.4.2　堤防渗漏预警

根据相关统计分析，渗漏是堤防破坏、决堤的主要因素，堤防渗漏是堤防安全监测的主要内容。但堤防渗流是一个饱和－非饱和、非稳定－稳定的发展过程，加之渗流场有不同程度的非均质和各向异性，几何形状和边界条件又很复杂，使得采用确定性方法计算堤防的动态渗流非常困难，难以准确计算和考虑各种复杂情况。借助光纤温度传感技术，可以实时监测由渗流引起的土体温度变化，得到不同渗径引起土体温度不同范围的变化。在对堤防渗漏进行预警时，针对分布式光纤传感技术长距离监测的特点，通过对温度测值曲线进行两个方面的对比，实现对堤防渗流险情的判断和预报。一方面，对某一时间的温度测值曲线进行分析，对比相邻位置的温度测值，若某个位置测值发生很大波动，与相邻位置测值差异较大，则该位置就有可能出现异常；另一方面，对同一位置不同时间的测值进行对比，若测值发生变化，且不符合周围环境正常的温度变化范围，也有可能发生了渗

流破坏。总之,要从现场测得的数据对堤防渗漏进行预警,就需要考虑多方面因素,结合工程现场的实际情况,对测量数据进行分析,合理判断异常情况发生的原因,从而对堤防的安全状态做出正确的评价。

第3章　分布式光纤测量原理

3.1　光纤结构及导光原理

光纤(Optical Fiber)为光导纤维的简称,是一种将光信息从一端传送到另一端的媒介,它是由中心的纤芯和外围的包层同轴组成的圆柱形细丝。多数光纤在使用之前必须由几层保护结构包覆,包覆后的线即被称为光纤。光纤结构如图 3-1 所示。

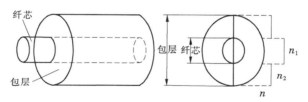

n—外界折射率;n_1—纤芯折射率;n_2—包层折射率

图 3-1　光纤结构

光纤的纤芯折射率 n_1 比包层的折射率 n_2 高,根据折射定律和全内反射法则,因此光在传输的过程中损失的能量很少,即光在纤芯中进行全反射的传播。光纤导光原理如图 3-2所示。

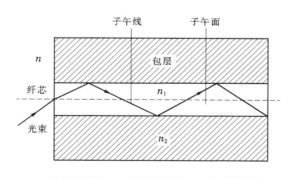

n—外界折射率;n_1—纤芯折射率;n_2—包层折射率

图 3-2　光纤导光原理

3.2　光纤传感原理及特点

光纤传感技术是伴随着光导纤维及光纤通信技术发展,而另辟新径的一种崭新的传感技术。从技术上来讲,光纤传感技术实际上是一种被动通信技术,其技术构架包含了光纤通信所需要的所有主要组成部分,包括光的调制、发射、传输、组网、接收与解调等。根本的区别在于信息的调制,光纤传感所采用的信息调制称为被动调制,即被传感的各种物理、化学、生物等信息量对光波的调制。由于传感技术不可能像通信技术一样在信息的组织与安排上做出预先的约定,而且所传送的信息均为模拟信息,因而在信息的解调、量化乃至传输上都更复杂,因此对光电子元器件的要求就更为苛刻。

由于光在传输的过程中损失的能量很少,光纤传感器(Fiber Optical Sensor, FOS)在现代科技的诸多领域都具有极佳的应用前景,如工业制造、土木工程、军用科技、环境保护、地质勘探、石油探测、生物医学等。对于各种不同的应用,已开发出各种相应的光纤传感器和系统。目前,常用的光纤传感器有温度、应变、应力、振动、声音、压力、液位、气体传感器等。

光纤传感器是一种通过传光特性的检测来感测外部环境变化的一种装置。光纤传感器的工作原理是将光源入射的光束经由光纤送入调制器,在调制器内与外界被测参数的相互作用,使光的光学性质发生变化,成为被调制的光信号,再经过光纤送入光电器件,经解调器解调后获得被测参数。光纤传感原理如图3-3所示。

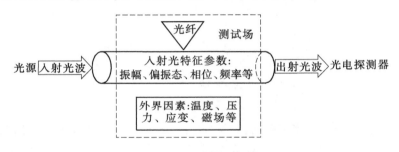

图3-3　光纤传感原理

光纤传感器系统和传统传感器系统有着非常大的区别,因此其监测系统的组成部分各不相同。传统传感器系统结构如图3-4所示。

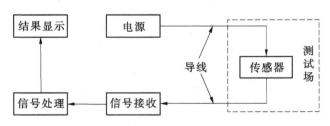

图3-4　传统传感器系统结构

光纤传感器系统结构如图3-5所示。

光纤传感器具有灵敏度高,电绝缘性能好,抗电磁干扰,可实现不带电的全光型探头,动态范围大、体积小、质量轻、耗能少,非侵入性易于实现系统的遥测和控制等优点,可用于高温、高压、强电磁干扰、腐蚀等恶劣环境。具体表现为:

(1)不受电磁场的干扰。这是光纤传感器要优于传统传感器的特性之一。光纤传感器的电绝缘性使得传感探头不会出现短路或其他用电安全问题。由于光纤传感器不吸收电磁辐射,所以辐射不会出现读数混乱现象。

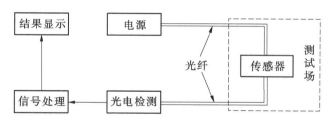

图 3-5　光纤传感器系统结构

（2）传感器的小型化、体积尺寸小、安全。大部分的光纤传感器的测头产生光信号或由光纤传导激励光，因无须电源，在恶劣的环境下不会产生电火花等引起安全问题。这使得光纤传感器在化学工业界的应用更具吸引力，特别在易燃易爆的高危险场合。

（3）光纤元件本身既是探测元件又是传输元件，具有遥测功能。传感器的这一特性使得被测物体可以离传感器有一定的距离。实现大范围的测量、标定的简化，获得令人满意的精度等。

3.3　光纤中的布里渊散射

光具有波粒二象性，可以被看成是电磁波或者光子，即电磁能量量子。在光纤中传播的光波，其大部分是前向传播的，但由于光纤的非结晶材料在微观空间存在不均匀结构，有一小部分光会发生散射。光纤中的散射过程主要有 3 种：瑞利散射、拉曼散射和布里渊散射，它们的散射机制各不相同。其中，布里渊散射是光波与声波在光纤中传播时相互作用而产生的光散射过程，在不同的条件下，布里渊散射又分别以自发散射和受激散射两种形式表现出来。

在注入光功率不高的情况下，光纤材料分子的布朗运动将产生声学噪声，当这种声学噪声在光纤中传播时，其压力差将引起光纤材料折射率的变化，从而对传输光产生自发散射作用，同时声波在材料中的传播将使压力差及折射率变化呈现周期性，导致散射光频率相对于传输光有一个多普勒频移，这种散射称为自发布里渊散射。这是布里渊于 1922 年在研究晶体的散射谱时发现了一种新的光散射现象，1932 年得到试验验证，由此称为布里渊散射。自发布里渊散射可用量子物理学解释：一个泵浦光子转换成一个新的频率较低的斯托克斯光子并同时产生一个新的声子；同样地，一个泵浦光子吸收一个声子的能量转换成一个新的频率较高的反斯托克斯光子。布里渊散射原理如图 3-6 所示。

由于构成光纤的硅材料是一种电致伸缩材料，当大功率的泵浦光在光纤中传播时，其折射率会增加，产生电致伸缩效应，导致大部分传输光被转化为反向传输的散射光，产生受激布里渊散射（SBS）。具体过程是：当泵浦光在光纤中传播时，其自发布里渊散射光沿泵浦光相反的方向传播；当泵浦光的强度增大时，自发布里渊散射光的强度增加；当增大到一定程度时，反向传输的斯托克斯光和泵浦光将发生干涉作用，产生较强的干涉条纹，使光纤局部折射率大大增加。这样由于电致伸缩效应，就会产生一个声波，声波的产生激发出更多的布里渊散射光，激发出来的散射光又加强声波，如此相互作用，产生很强的散射，这就是受激布里渊散射。这个传播的压力波等效于一个以一定速度移动的密度光栅。

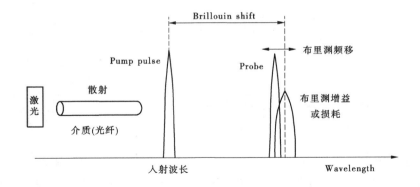

图 3-6　布里渊散射原理

因此,布里渊散射可以看成是入射光在移动光栅上的散射,如图 3-7 所示。

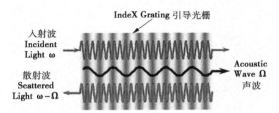

图 3-7　布里渊散射产生机制

相对于光波而言,声波的能量可忽略,因此在不考虑声波的情况下,这种 SBS 过程可以概括为频率较高的泵浦光的能量向频率低的斯托克斯光转移的过程。这样受激布里渊散射可以看成仅仅是在有泵浦光存在的情况下,在电致伸缩材料中传播的斯托克斯光经历了一个光增益的过程。在受激布里渊散射中,虽然理论上反斯托克斯和斯托克斯光都存在,一般情况下只表现为斯托克斯光。

光纤中的布里渊散射相对泵浦光有一个频移,通常称此频移为布里渊频移。其中,背向布里渊散射的布里渊频移最大,并由式(3-1)给出:

$$V_B = 2nV_a/r_o \tag{3-1}$$

式中:V_B 为布里渊频移,Hz;n 为光纤纤芯折射率(无量纲);V_a 为光纤内声速,m/s;r_o 为泵浦光的波长,m。

当光纤的温度和应变发生变化时,光纤纤芯的折射率 n 和声速 V_a 会发生相应的变化,从而导致布里渊频移的改变;从频谱上看,布里渊频移改变量与应变及温度成正比,如图 3-8 所示。

$$\Delta v_B = \frac{\partial v}{\partial T}T + \frac{\partial v}{\partial \varepsilon}\varepsilon$$

通过检测布里渊频移的变化量就可获知温度和应变的变化量。同时,通过测定该散射光的回波时间就可确定散射点的位置。

对于普通的硅玻璃光纤,$n = 1.46$,$V_a = 5\ 945$ m/s,当泵浦光的波长 $r_o = 1.55$ m 时,布

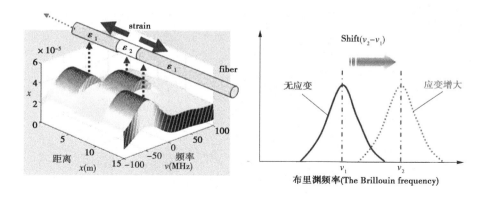

图 3-8 布里渊散射谱漂移

里渊频移 $v_B \gg 11.2$ GHz。

3.4 分布式光纤传感技术

基于布里渊散的分布式光纤传感技术是随着光的时域反射（Optical Time Domain Reflectometer，OTDR）技术的出现而发展起来的。光的时域反射技术原理是通过将光脉冲注入到光纤中，当光脉冲在光纤内传输时，会由于光纤本身的性质而产生散射、反射，其中一部分的散射光和反射光经过同样的路径延时返回到输入端。光纤右侧的激光器发出一连续光进入光纤，延迟一段时间后，位于光纤左侧的激光器也发出一光脉冲进入光纤，这一光脉冲在光纤的传播过程中会不断的与相向传播的连续光发生作用，且两束光的作用同时受到外界物理量的调制，通过光纤左侧的光电探测器检测连续光的强度可获知被测物理量的大小。借助于光脉冲发出时刻与检测时刻的时间差值，即可确定检测到的光强与空间位置的对应关系，从而获得被测物理量在光纤上的分布式情况。OTDR 技术原理如图 3-9 所示。

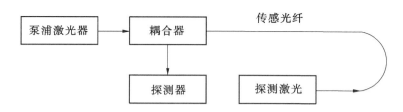

图 3-9 OTDR 技术原理

OTDR 根据入射信号与其返回信号的时间差（或延迟）t，利用下式就可以计算出上述点与 OTDR 的距离 d：

$$d = ct/2n \tag{3-2}$$

式中：c 为真空中的光速；n 为光纤纤芯的有效折射率。

基于布里渊散射光频域分析技术的分布式光纤传感技术最初由 Horiguchi 等提出。基于该技术的传感器典型结构如图 3-10 所示。处于光纤两端的可调谐激光器分别将一脉冲光(泵浦光)与一连续光(探测光,probe Light)注入传感光纤,当泵浦光与探测光的频差与光纤中某区域的布里渊频移相等时,在该区域就会产生布里渊放大效应,也就是受激布里渊,两光束相互之间发生能量转移。由于布里渊频移与温度、应变的变化存在线性关系,因此对两激光器的频率进行连续调节的同时,通过检测从光纤一端耦合出来的连续光的功率,就可确定光纤各小段区域上能量转移达到最大时所对应的频率差,从而得到温度、应变信息,实现分布式测量。

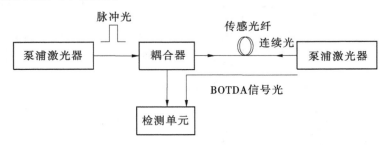

图 3-10　基于 BOTDA 的分布式光纤传感系统基本框图

在 BOTDA 中,当泵浦光的频率高于探测光的频率时,泵浦光的能量向探测光转移,这种传感方式称为布里渊增益型;当泵浦光的频率低于探测光的频率时,探测光的能量向泵浦光转移,这种传感方式称为布利渊损耗型。在光纤温度或应变分布均匀的情况下,布里渊增益型传感方式中的泵浦脉冲光随着在光纤中的传播其能量会不断地向探测光转移,在传感距离较长的情况下会出现泵浦耗尽,因此该传感方式难以实现超长距离传感,对于远距离方式,可以增加中间连接器;而对于布里渊损耗型,能量的转移使泵浦光的能量升高,不会出现泵浦耗尽情况,从而使得传感距离大大增加。

第 4 章　DiTeSt – STA202 分析仪介绍

4.1　DiTeSt – STA202 技术指标

　　DiTeSt – STA202 分析仪(简称 DiTeSt 分析仪)由瑞士 Ominisens 公司生产,其产品和技术已在世界上多个国家得到应用。这台分析仪是基于光纤光学和激光的测量系统,使用激光相互作用的测量原理。由于本仪器具有高度可靠的配置,可将光纤局部的受激布里渊特性(Stimulate Brillouin Scattering,SBS)测量出来。该仪器具有 2 个传感通道接口,内置的计算机系统提供一个友好的用户操作界面和 12 英寸❶彩色显示屏。这台仪器不仅可以被设定为长期无人全自动测量,而且能在需要的时候把测试数据从数据库中调出来分析。

　　瑞士 Ominisens 公司的光时域反射分析系统包括:

　　(1)光时域反射分析仪及其分析软件和附件。

　　(2)配套施工工具及配套附件,包括光纤施工工具箱、光纤切割刀、光纤熔接机、光纤故障定位器。DiTeSt – STA202 分析仪主要技术指标如表 4-1 所示。

表 4-1　DiTeSt – STA202 分析仪主要技术指标

技术指标	参数
测量范围	30 km(可扩展至 250 km)
应变分辨率	2 $\mu\varepsilon$
温度分辨率	±0.1 ℃
最小空间分辨率	0.5 m(30 km 长度范围内)
采集时间	1~2 min(依据距离和分辨率的不同而异)
应变范围	−1.5% ~ +1.5%
温度范围	−270 ℃ ~ +700 ℃(依据光纤类型)
采样点	最大 100 000 个点

　　DiTeSt – STA202 分析仪外观如图 4-1 所示。

---

❶　1 英尺 = 12 英寸 = 0.304 8 米。

图 4-1　DiTeSt – STA202 分析仪主机

4.2　DiTeSt – STA202 监测原理

如图 4-2 所示,光从接入端口入射到光纤中,因监测对象应变的变化,引起此处光纤发生散射,受激散射后的光返回到另一端口。光通路中设置光过滤器,用于消去原始光信号中的噪声。消噪后的有效信号由采集卡进行采集,并解调分布式光纤传感器获得的信号,如能反映应变变化的受激布里渊散射光频移等。

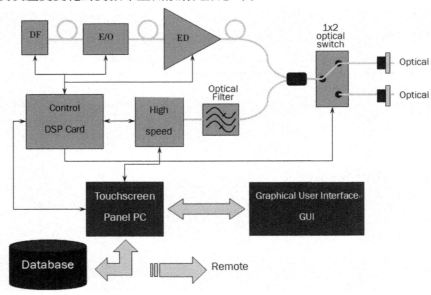

图 4-2　DiTeSt – STA202 分析仪监测系统示意图

DiTeSt – STA202 分析仪是基于受激布里渊光时域反射的测量系统,采用经过特殊工艺处理的(Stimulate Brillouin Scattering,SBS)光纤作为传感器件,能提供测量光纤所处环境的应变、温度变化信息。系统检测的是发生应变、温度变化之后的受激 Brillouin 向后散射光,通过一泵浦脉冲(Pump Pulse)扫频的方式捕捉到 Brillouin 最大频移。

纯温度测量模式下,有

$$\Delta V_{\rm B} = {\rm Coef}_1 * \Delta T + {\rm Coef}_0 \tag{4-1}$$

其中,${\rm Coef}_1 = 0.93$ MHz/℃,${\rm Coef}_0 = 10.7$ GHz。

纯应变测量模式下,有:

$$\Delta V_{\rm B} = {\rm Coef}_1 * \Delta \varepsilon + {\rm Coef}_0 \tag{4-2}$$

其中,${\rm Coef}_1 = 505.5$ MHz/℃,${\rm Coef}_0 = 10.7$ GHz。

在 DiTeSt – STA202 分析仪测试的设置里选定一个空间分辨率(如 1 m,对应的泵浦脉冲的宽度为 10 ns),则此次扫描时传感光纤被分为若干个 1 m 长的单元。其原理如图 4-3 ~ 图 4-5 所示。

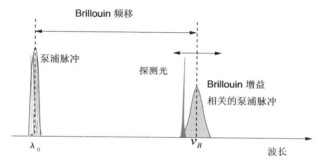

图 4-3　DiTeSt – STA202 分析仪原理

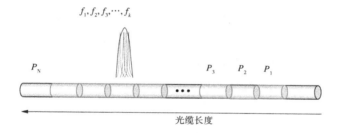

图 4-4　泵浦脉冲光扫频

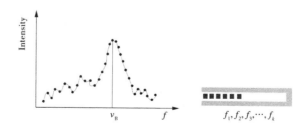

图 4-5　测试信号数据流程

对一定频谱范围连续不断地进行循环扫描,获得各个时间段上的光谱,并将时间与位置相对应,即可获得沿光纤各位置处的布里渊频谱图,并获得异常的布里渊频移量和散射光功率。布里渊散射定位原理如图 4-6 所示。

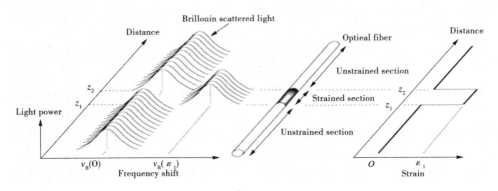

图 4-6　布里渊散射定位原理

估算好应变、温度变化范围,设定扫描的起止频率及终止频率、采样间隔、分辨率,扫描完成后可以得到所有传感光纤段的 Brillouin 增益信息,连同脉冲的宽度、频率、幅值和曲线的三维坐标值分别保存在自动生成的文件夹内。DiTeSt – STA202 分析仪所带的软件系统主要针对连接好后的光路进行操作。仪器的软件包括 4 个部分:测试(Measurement)、配置(Configuration)、数据查看(Data Viewer)和光器件操作(Optical Devices & DSP)。

4.3　DiTeSt – STA202 监测特点

将光纤或光纤连接到 DiTeSt – STA202 分析仪时,对于参数未知的光纤首先进行自动扫频测试,通过观察波形,不断调整中心频率直到曲线达到合理正常的状态,从而获得光纤的中心频率。在扫频时,offset level 状态灯会亮起,当灯为红色时,表示增益小,光损耗过大,可能是接头或者光纤的熔接处没有熔接好,还有可能是光纤某处弯曲太厉害,导致光损耗过大,因此应当进行相应的检查。只有当 offset level 的灯为绿色时,才能进行正常测试,这样情况下测试的数据才可能是正确的。

DiTeSt – STA202 分析仪本身有一个对测试数据的评价系统。主要从 4 个方面对测试的数据进行评价,分别为数字信号处理状态(DSP Status)、测试对比度(Measurement Contrast)、光纤信号(Optical Signal)、数据处理(Processing)。在测试完成后,DiTeSt – STA202 分析仪才会对测试的数据做出评价,只要其中的一个方面出现问题,测试评价灯就会显示红色;只有当上述 4 个方面当中的任何一个都没有问题时,测试评价灯才会显示绿色,表明这样测试的结果才可能是正确的。因此,从 DiTeSt – STA202 分析仪本身就可以达到对测试异常数据的判定功能,便于操作人员测试出比较正确的数据集,实现对测试数据的筛选。

第 5 章　光纤性能探索试验

5.1　光纤的选择

根据光波在光纤中传输的特点,可以对光纤进行模式划分为单模光纤和多模光纤。单模光纤在理论上只传输一种模式,纤芯直径比较小,具有传输频带宽、容量大、距离长的特点。多模光纤可以传输多种模式,又分为多模均匀光纤和多模非均匀光纤。多模均匀光纤可以传输多种模式,但是其性能差、带宽窄、容量小。多模非均匀光纤纤芯折射率是变化的,因此模式色散小、频带宽、容量大。

由于布里渊散射本质上是入射光与介质声学声子相互作用产生的结果,所以布里渊频移主要由介质的声学特性和弹性力学特性决定。布里渊频移与声波的速度有关,因此可以将光纤中声波的传播速度 V_A 表示为:

$$V_A = \sqrt{\frac{(1-\gamma)E}{(1+\gamma)(1-2\gamma)\rho}} \tag{5-1}$$

式中:E 为光纤的杨氏模量;γ 为光纤的泊松比;ρ 为光纤的密度。

由于光纤中存在热光效应和弹光效应,所以光纤的折射率会受到外界因素如温度、应变的影响。另外,光纤材料的杨氏模量、泊松比、密度、温度、应变存在数学关系,式(5-1)可以写成式(5-2)形式:

$$V_A = \sqrt{\frac{[1-\nu(T,\varepsilon)]E(T,\varepsilon)}{[1+\nu(T,\varepsilon)][1-2\nu(T,\varepsilon)]\rho(T,\varepsilon)}} \tag{5-2}$$

由于外界参数引起的光纤折射率等参数的变化与温度、应变存在线性和非线性的关系,因此同一根光纤,其物理性质在不同的环境下,测试的结果也会有波动的现象。由于石英光纤材料的物理性质比较稳定,其温度和应变在一定的范围内与布里渊频移成线性关系,因此大多选用石英光纤作为光纤传感器的传感元件。另外,泵浦光的光脉冲宽度决定了光纤传感器的空间分辨率,在多模光纤中,光脉冲在传播中会因模式不同出现脉冲扩展的现象,从而降低了传感器的空间分辨率,因此选择光纤纤芯小的光纤能提高光的作用效率。

5.2　测试光纤介绍

本研究通过室内光纤模拟试验分析,研究影响传感光纤灵敏度及交叉影响的因素,以便确定更为合理的光纤传感器监测方案和传感器的布设方式。对传感光纤性能进行试验,一方面是为了了解将要用到的光纤的一些基本参数及物理性能,比如中心频率,应变、温度曲线的敏感度,交叉影响等,另一方面针对要做试验的光纤,预先在室内进行相关试验测试,了解试验所用光纤的应变、温度传感特性及参数,研究光纤传感器的最佳工程埋设弯曲半径与应变、温度传感特性的关系,以及光纤的温度和应变标定。测试用的 3 种传感光纤,分别命名为 I 型、II 型、III 型,传输光纤命名为Ⅳ型。4 种光纤及剖面如图 5-1 ~ 图 5-4 所示。

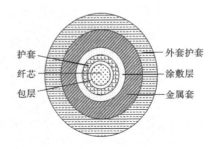

图 5-1　　I 型光纤及剖面

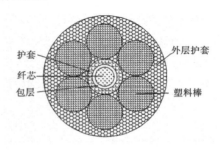

图 5-2　　II 型光纤及剖面

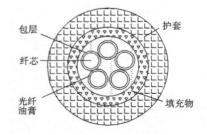

图 5-3　　III 型光纤及剖面

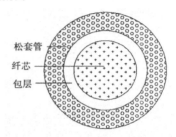

图 5-4　　Ⅳ型光纤及剖面

图 5-1 所示的 Ⅰ 型光纤结构比较结实,内部有金属套层,因此可以用来测试强度较大的应变,同时金属的导热性好,也可以用来测试温度。图 5-2 所示的 Ⅱ 型光纤内部光纤和塑料棒搅合在一起适合测试应变,由于护套的外包层均为塑料,因此应变的灵敏度会相对较高。图 5-3 所示的 Ⅲ 型光纤内部由五根光纤组成,并有光纤油膏,以及填充物和两层护套,适合测试温度。图 5-4 所示的 Ⅳ 型光纤组成比较简单,灵敏度相对比较高,但是不够结实,在实际工程应用时,要采取保护装置,否则很容易损坏。根据上述光纤本身的结构特点,项目选用 Ⅰ 型、Ⅱ 型和 Ⅲ 型光纤作为传感光纤,Ⅳ 型光纤作为续接的传输光纤,在室内进行光纤的参数特性试验。

曲线拟合的主要功能是寻求平滑的曲线来最好的表现带有噪声的测量数据,从这些测量数据中找出变化的趋势情况,并得到曲线拟合的函数表达式。在进行曲线拟合时,认为所有测量数据中已经存在噪声,因此最后的拟合曲线并不要求通过每个已知点数据,衡量拟合数据的标准则是整体数据拟合的误差最小。误差线在数据分析中有着重要的应用,在原始图形中添加数据误差线,可以方便、直观的查看各个数据点的误差变化范围,误差棒主要展现的是测试数据的置信水平。

本文对光纤室内试验测试数据进行了多次测量,采用 Matlab 进行了均值处理、曲线拟合的数值处理和分析。对 Ⅰ 型光纤数据进行线性回归分析,绘出残差图,以便更好地分析光纤的应变特性,并绘出了光纤测试数据的误差棒。另外,还对 Ⅰ 型光纤和 Ⅲ 型光纤的温度特性进行了数据分析,绘出了残差图,进行了温度曲线线性拟合,从而为室外工程试验光纤的选择及测试做好前期工作。

5.3　光纤应变测试试验

5.3.1　Ⅰ 型光纤

5.3.1.1　Ⅰ 型光纤自由测试试验

光纤处于自由状态进行的试验测试,光纤在没有受到载荷的情况下测试了 7 组应变数据(见图 5-5),测试结果如图 5-6 所示。

从测试的曲线来看,处于自由状态的 Ⅰ 型光纤,可以认为没有受到应力应变的影响,因此将数据标定为零,测试的几组曲线基本上是一条水平直线,幅值围绕零上下波动,当对光纤进行形变测试时,此时测试的曲线就可以作为参考。

5.3.1.2　Ⅰ 型光纤荷载测试试验

将待测试光纤的两端进行固定,在 13 m 处的位置悬挂砝码进行加载,加载的砝码重量依次为 300 g、500 g、1 000 g、1 300 g、1 500 g、1 900 g、1 950 g,共测试了 7 组数据(见图 5-7),测试结果如图 5-8 所示。

为了进一步研究光纤的应力特性曲线,对光纤 13 m 处的荷载与应变用 Matlab 进行线性拟合,并给出了拟合公式和拟合残差值。测试数据见表 5-1,拟合曲线见图 5-9。

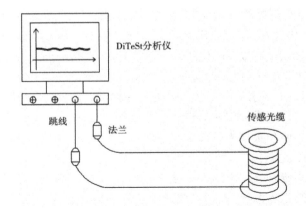

图 5-5　Ⅰ型光纤自由测试

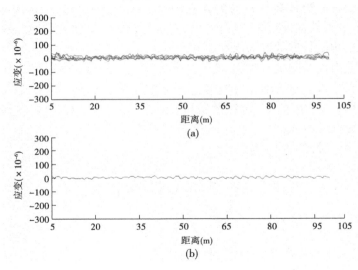

图 5-6　Ⅰ型光纤自由测试曲线

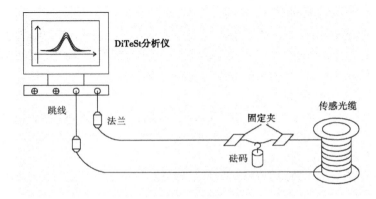

图 5-7　Ⅰ型光纤荷载测试

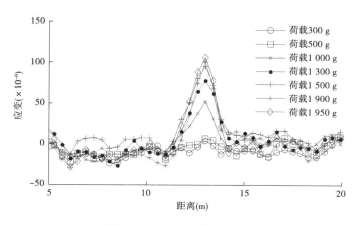

图 5-8　I 型光纤荷载测试曲线

表 5-1　光纤 13 m 处不同荷载对应的应变值

荷载（g）	300	500	1 000	1 300	1 500	1 900	1 950
应变（$\mu\varepsilon$）	3.76	6.48	52.53	78.62	95.39	101.51	106.57

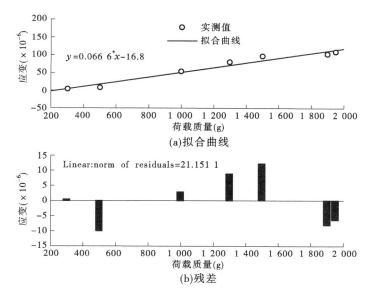

图 5-9　光纤 13 m 处拟合曲线及残差

　　从测试曲线图 5-9 中可以看出,在光纤 13 m 处附近,随着荷载的大小不同,应变幅度的跳变也有所不同。荷载为 300 g 和 500 g 时,应变幅度基本不大。另外,荷载分别为 1 900 g 和 1 950 g 时,两者荷载相差不大,应变值的幅度跳变差并不大。从拟合的结果来看,线性拟合的效果较好,残差较小,并且光纤随着荷载的增加,应变曲线基本上和实测值重合,应变曲线基本上呈现线性关系。这也说明了光纤的应变特性比较好,另外在室内测试时,环境条件比室外要优越,干扰因素较少,这也是测试结果较好的一个原因。

5.3.1.3　Ⅰ型光纤盒体测试试验

将光纤放入杯中,进行模拟光纤终端盒的弯曲试验,如图 5-10 所示。杯子相关参数:高度 24 cm,筒体直径 9 cm,筒口直径 7 cm。试验过程的环境温度为 25.2 ℃,沙土温度为 24 ℃。通过向杯中不断加入沙土,并压紧记录高度,进行静态试验和拉伸试验,分别测试了 4 组数据。测试结果如图 5-11、图 5-12 所示。

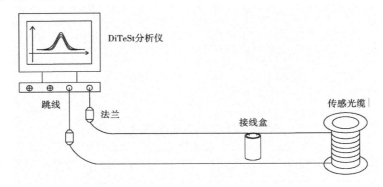

图 5-10　Ⅰ型光纤盒体测试

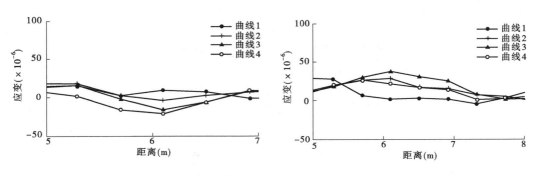

图 5-11　静态试验测试曲线　　　　图 5-12　拉伸试验测试曲线

周围环境温度为 25.2 ℃,而杯中沙土的温度为 24 ℃,受温度的影响,静态试验测试曲线没有出现上升,反而出现了下降。另外,也说明了Ⅰ型光纤在杯中的弯曲没有产生很大的应变变化,温度影响起了主要作用。当对加入不同高度的沙土杯子,提起调整盒测试时,Ⅰ型光纤会由于受到力的作用而产生形变,图 5-12 中的曲线比图 5-11 中的曲线有了明显的上升,说明这时温度的影响为次要的,应变为主要的,基本上可以不考虑温度的影响。

5.3.1.4　Ⅰ型光纤跟随测试试验

对光纤进行曲率损耗测试,测试光纤在不同弯曲程度下光纤的损耗情况,即光纤的曲线幅度变化情况。如图 5-13 所示,将光纤和管黏贴在一起,并把两端固定,原始长度为 88 cm,弯曲后的长度分别为 80 cm、75 cm、70 cm。通过弯曲管来实现光纤的跟随试验,试验测试了不同弯曲情况下的 3 组数据,测试结果如图 5-14 所示。

取 6.1 m 处光纤不同弯曲程度下的应变值,进行线性拟合,并绘出残差图,见图 5-15,

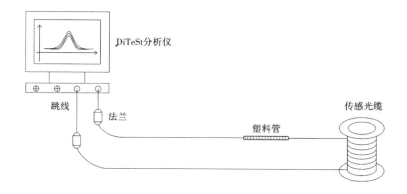

图 5-13　Ⅰ型光纤跟随测试

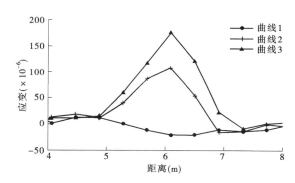

图 5-14　Ⅰ型光纤跟随测试曲线

结果如表5-2所示。

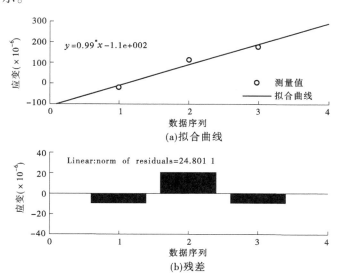

图 5-15　6.1 m 处光纤拟合曲线及残差

表 5-2　6.1 m 处光纤不同弯曲程度下的应变值

光纤弯曲后长度(cm)	80	75	70
6.1 m 处应变($\mu\varepsilon$)	−21.16	108.11	176.63

从测试的曲线来看,光纤跟随管的弯曲而发生形变,不同弯曲程度,曲线变化幅度不同。光纤弯曲的幅度较小时,曲线的幅度基本上没有什么变化,随着弯曲到一定的程度,曲线的幅度陡然加大,说明此时的弯曲曲率对光纤的影响不能忽略。在实际试验测试中,光纤的弯曲幅度应该尽量比此时的曲率要小。另外,从拟合结果来看,从 80 cm 至 70 cm 的弯曲过程中,应变值基本可以看成是一个线性变化的过程。

5.3.2　Ⅱ型光纤

5.3.2.1　Ⅱ型光纤自由测试试验

采用Ⅱ型光纤在室内进行缠绕的自由状态测试试验,了解光纤的应变特性和相关参数,如图 5-16 所示。测试曲线如图 5-17 所示。

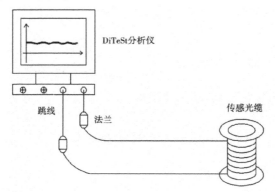

图 5-16　Ⅱ型光纤自由测试

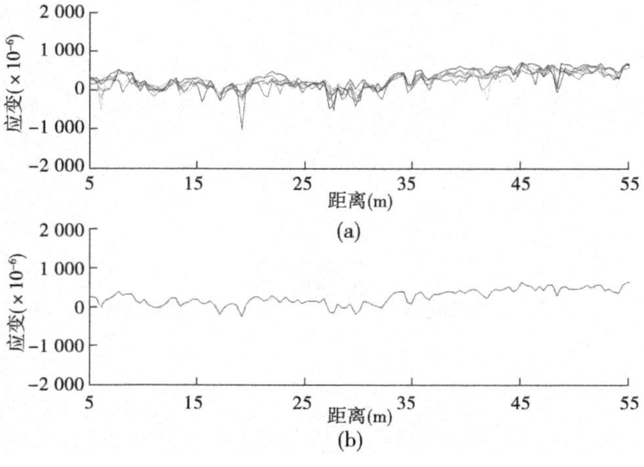

(a)

(b)

图 5-17　Ⅱ型光纤自由测试曲线

从测试的曲线来看,光纤处于自由长度状态时,光纤各处的应变整体应该差不多,但是局部也出现了一些异常值,反映出该光纤的稳定性不是很好,但是对多次测量的数据进行均值化处理后,从测试曲线的整体情况可以看出应变曲线幅度基本平稳,异常值减少。

5.3.2.2　Ⅱ型光纤拉伸测试试验

对Ⅱ型光纤在室内进行局部拉伸试验,即在受力不均的条件下进行测试,如图 5-18 所示。试验测试了 5 组数据,测试曲线如图 5-19 所示。

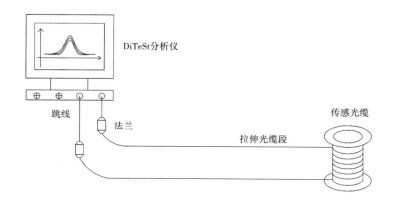

图 5-18　Ⅱ型光纤拉伸测试

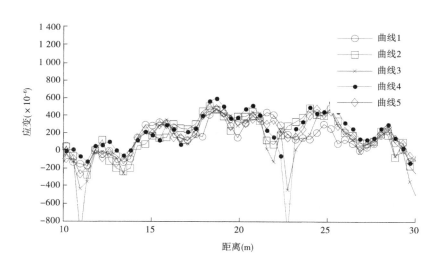

图 5-19　Ⅱ型光纤拉伸测试曲线

从测试的曲线可以看出,应变曲线幅度有着明显的变化,呈现中间高两边低的情况,这是由于拉伸受力主要在中间光纤段。另外,从光纤拉伸测试曲线可以看出,光纤的性能不是很好,曲线波动较大,存在异常值。

5.4　光纤温度测试试验

5.4.1　Ⅰ型光纤温度测试试验

通过前面的测试已经知道Ⅰ型光纤的中心频率,设定好参数后,标记位置为 9 m。采用温度计检测水温及周围温度,当时环境温度为 24 ℃,光纤没入水中长度为 20 cm,如图 5-20 所示。测试光纤在不同温度下曲线的变化情况,试验测试了 9 组数据。测试曲线如图 5-21 所示。

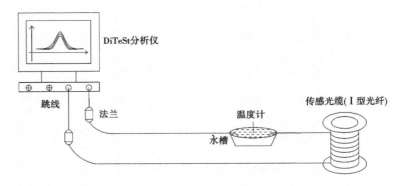

图 5-20　Ⅰ型光纤温度测试

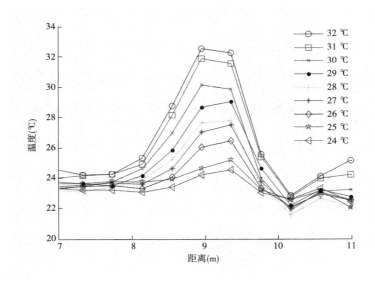

图 5-21　Ⅰ型光纤温度测试曲线

从图 5-21 中测试曲线来看,当水温达到 26 ℃时,曲线幅度开始发生变化。不同温度下,光纤的温度曲线幅度有所不同。但是在温度试验测试时,光纤似乎有迟滞现象,温度梯度依次下降时,幅度曲线也随之降低,但是和实际的温度稍有差异。试验选择 2 组测试数据进行平均后,作为光纤测试值,如表 5-3 所示。

表 5-3　2 组光纤温度测试值及均值

位置(m)	温度值(℃)								
8.95	32.50	31.86	30.12	28.68	27.65	27.03	26.03	24.61	24.22
9.36	32.24	31.55	29.84	29.05	27.79	27.50	26.44	25.18	24.55
均值	32.37	31.71	29.98	28.87	27.72	27.27	26.24	24.90	24.39

　　为了更好地描绘温度计测试值和光纤测试值的情况,将上述均值和试验标定值 2 组数据绘在一张图上,并绘出两者的残差及光纤测试值的误差棒图,曲线如图 5-22 ~图 5-24所示。

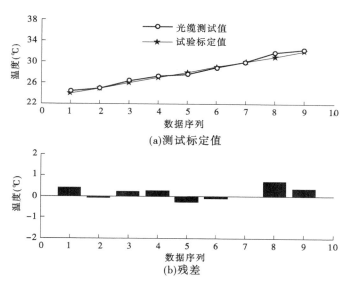

(a)测试标定值

(b)残差

图 5-22　测试标定值及残差

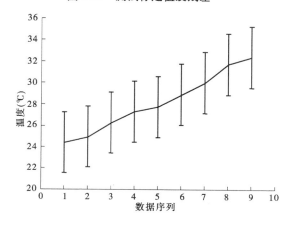

图 5-23　光纤测试误差棒图

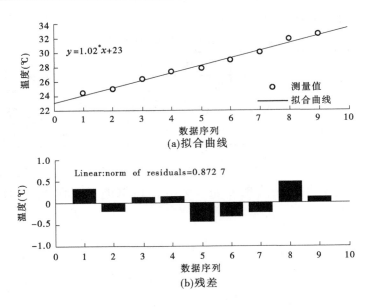

$y=1.02^*x+23$

测量值
拟合曲线

(a)拟合曲线

Linear:norm of residuals=0.872 7

(b)残差

图 5-24　拟合曲线及残差

从图 5-24 中可以看出,光纤测试值和试验标定值两者在同一点的温度值基本重合,两者的残差也比较小。另外,从曲线拟合的结果来看,光纤的温度特性较好,温度曲线基本呈线性关系。

5.4.2　Ⅱ型光纤温度测试试验

将Ⅱ型光纤置于不同温度的水中进行测试,光纤两端接有跳线。光纤没入水中长度为 22 cm,用常用温度计(范围 0 ~ 100 ℃)作为水温测试仪器,通过加水调节水温,测试光纤在不同温度环境下的温度曲线情况,如图 5-25 所示。

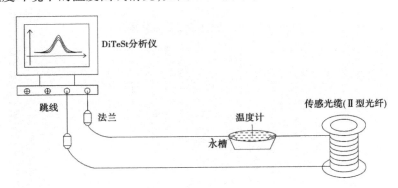

DiTeSt分析仪

跳线　　法兰　　　水槽　　温度计　　传感光缆(Ⅱ型光纤)

图 5-25　Ⅱ型光纤温度测试

如图 5-26 所示,光纤的温度测试效果总体不是很明显,温度渐变上升时,温度曲线变化并不大且波动比较厉害。总体来看,随着温度的梯度变化,曲线幅度也发生变化,但是曲线的变化比较杂乱,测试的效果不理想,说明光纤的温度特性不是很好。

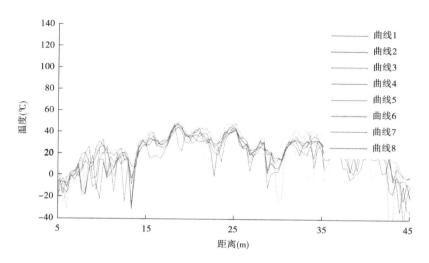

图 5-26　Ⅱ型光纤温度测试曲线

5.4.3　Ⅲ型光纤温度测试试验

5.4.3.1　室温测试试验

如图 5-27 所示,将光纤置于室温环境中,进行温度测试,当时室温为 13 ℃,试验共测试了 8 组数据。测试曲线如图 5-28 所示。

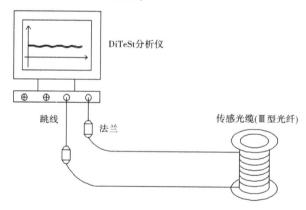

图 5-27　Ⅲ型光纤室温测试

从测试的曲线来看,曲线幅度基本平稳。两端 5 ~ 10 m 段和 15 ~ 20 m 段,光纤是分开的单独一条,温度比中间点的要稍微高一点,中间 10 ~ 15 m 处光纤缠绕在一起,温度要低一点。从曲线的整体来看,比较符合实际情况。

5.4.3.2　水温测试试验

将Ⅲ型光纤置于不同温度的水中进行测试,标记位置为 7.5 m。采用温度计测试水温及周围温度,当时环境温度为 24 ℃。光纤没入水中的长度为 15 cm,如图 5-29 所示。试验共测试了 10 组数据,测试曲线如图 5-30 所示。

本次试验是将光纤放在调试好的水温中,温度从高至低进行梯度递减变化。从

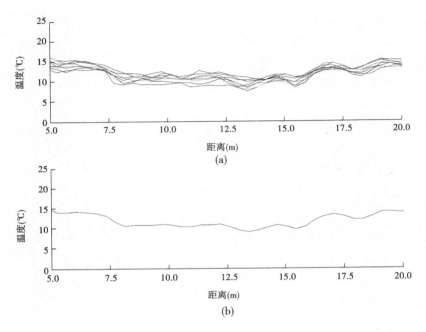

图 5-28　Ⅲ型光纤室温测试曲线

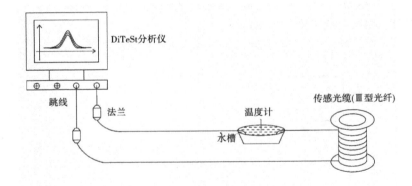

图 5-29　Ⅲ型光纤水温测试

图 5-30 中测试的曲线看，它能够明显地反映环境温度的变化。当温度为 25 ℃接近室温时，温度曲线幅度值变化不大。光纤测试的温度值和实际的环境温度稍微有所不同，比被测场的温度值要低。这是由于光纤有一个预热的过程，要经过一段时间才能和周围环境的温度达到平衡，所以这次测试光纤本身温度比周围环境（水温）低。

试验选择 2 组光纤测量数据进行平均后作为光纤测试值，如表 5-4 所示。

表 5-4　2 组光纤温度测试值及均值

位置（m）	温度值（℃）									
7.33	26.18	29.18	30.17	30.95	31.95	33.39	34.88	36.09	37.99	38.61
7.73	26.92	29.26	29.67	29.88	31.60	33.01	32.30	35.05	38.40	38.16
均值	26.55	29.22	29.89	30.42	31.78	33.20	33.59	35.57	38.20	38.39

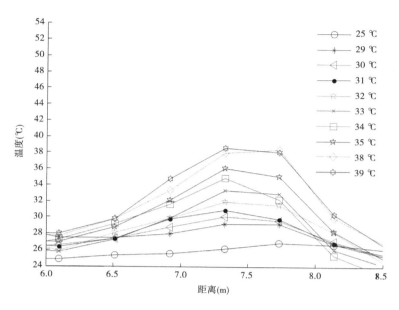

图 5-30　Ⅲ型光纤水温测试曲线

为了更好地描绘温度计测试值和光纤测试值的情况,将上述均值和试验标定值 2 组数据绘在一张图上,并绘出两者的残差图及光纤测试值误差棒图,如图 5-31 ~ 图 5-33 所示。

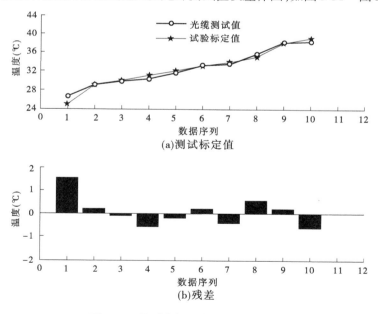

图 5-31　Ⅲ型光纤测试标定值及残差

从图形上可以看出,光纤测试值和试验标定值两者在同一点的温度值基本重合,两者的残差也比较小。另外,从曲线拟合的结果来看,残差很小,光纤的温度特性较好,基本上呈现线性关系。

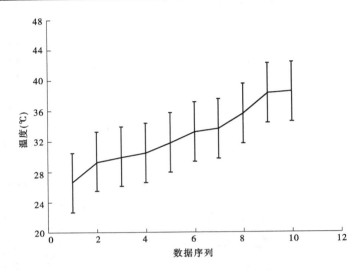

图 5-32　Ⅲ型光纤测试和误差棒图

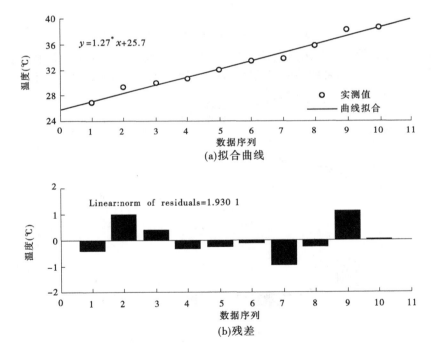

图 5-33　Ⅲ型光纤拟合曲线及残差

第6章　堤防渗漏光纤监测试验与分析

6.1　堤防渗漏监测系统组成

基于分布式光纤传感光时域反射分析仪的堤防渗漏监测系统由四部分组成:堤防原型、DiTeSt-STA202仪器、客户计算机终端、光缆。其中,光缆分为埋设在被监测部分的传感光缆和起传输作用的引导光缆。堤防渗漏光纤监测系统如图6-1所示。

图6-1　堤防渗漏监测光纤系统

堤防监测的各部分分别有其特殊的功能,共同组成一个完整的监测体系,各部分具体功能如下。

(1)堤防原型。堤防包括各种修建在江河、湖泊和河道边的护岸工程,起着堵水、护岸和保护人民生命财产的重要作用。堤防受水流冲刷、淘刷而产生形变、沉降和塌陷,甚至崩岸等险情,是堤防安全运行重点监测的对象,也是本系统需要探测和获取的原始信息源。

(2)DiTeSt-STA202光时域反射分析仪。该仪器通过内部自带的光源发射连续光和脉冲光,根据受激布里渊频移的大小来识别被测传感光缆段上应变变化信息,应变的值经过标定后可定量给出。

(3)光缆。分为传感光缆和引导光缆。传感光缆集信息的采集及传输于一体,敷设在堤防内部对形变信息进行监测。作为传感器使用的传感光缆要经过特殊的工艺处理,如只对应变敏感而不对温度敏感。同时野外使用的光缆还需要做防腐、防鼠咬等处理,价格一般较昂贵。引导光缆则可以采用普通的通信光缆,因此其价格较传感光缆低。

(4)客户终端。作为工程用户可直接使用的监测系统,必须在原有的仪器基础上进行二次开发和相应软件的编制。用户对实时监测行为进行设置,对所得的数据做更为直观的处理并存储,为上一级的堤防安全监控专家系统和管理部门提供必要的底层数据,为现场人员提供测试数据的报表和堤防内部形变或渗漏的变化趋势,确保堤防的安全运行和对险情及时预警。

　　监测系统通过光纤传感器(传感光缆)从堤防处获取原始的应变或温度信息,经分析仪的软件系统得到基本的应变值数据,定期和不定期的扫描后形成被监测堤防的数据库。用户对数据进一步处理后得到被监测堤防处应变或渗漏的变化值和趋势图,远程用户或上一级管理者从局域网或无线网络得到底层的监测数据和初步分析结论,供对堤防的日常维护管理和抢险的决策之用。

　　渗漏监测系统主要设计为两部分:渗漏模拟单元和传感监测单元。其中,渗漏模拟装置可以通过改变水头高度和渗漏流速以及渗漏通道在模型中的相对位置来模拟实际堤防中的不同渗漏情况,传感监测单元则采用瑞士的 DiTeSt 分布式光纤测量系统对预埋在渗漏模型中的各段检测光纤进行数据采集,其总体方案如图 6-2 所示。

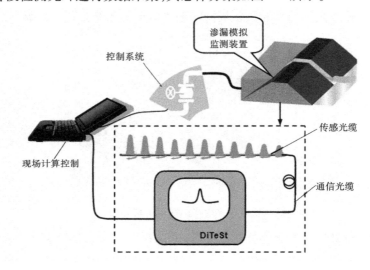

图 6-2　渗漏监测系统总体方案

6.2　渗漏模拟装置

　　渗漏模拟装置系统单元结构如图 6-3 所示,其中流量控制阀、渗漏输入管、温湿度传感器、模型箱、挡沙条等属于渗漏模拟单元组成部分,光纤传感解调系统、光缆卷、传感光纤接头、传感光纤夹套、终端盒等属于传感检测单元组成部分。

　　该成果已获得国家发明专利:基于分布式光纤传感监测堤防渗流的模拟装置－发明专利,专利号 ZL200610032258.5。

　　渗漏模拟单元主要由总输送管道、法兰接头、分输送管、介质过滤网、模型箱、模型箱支架等组成。其中,法兰接头装置结构设计如图 6-4 所示,模拟通道结构设计如图 6-5 所示。

　　安装时,将渗漏输入管穿过箱体壁,调整渗漏输入管管口与传感光缆的位置后,固定模拟通道夹紧装置,将其固定在模型箱支架上。调整法兰接头以调节模拟通道与传感光

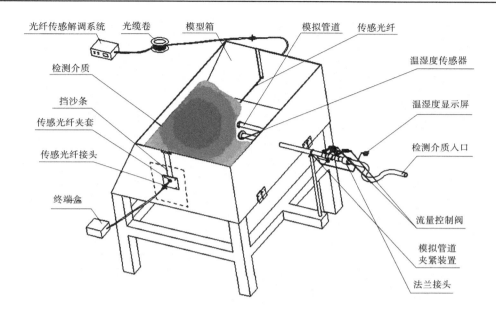

图 6-3　渗漏模拟装置系统单元结构

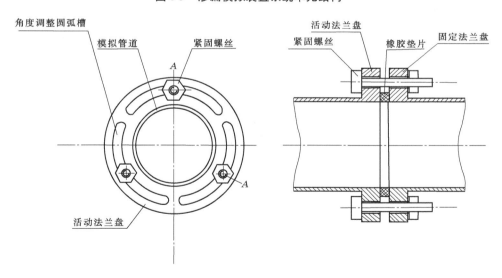

图 6-4　法兰接头装置设计

纤的位置,模拟不同位置的渗漏点。松开法兰接头上的螺丝,调整螺丝在活动法兰盘的圆弧槽位置,可调整模拟通道管口与传感光缆的垂直方向 360°角度相对位置;松开模拟通道夹紧装置,调整总输送管与模型箱的相对位置,可调整模拟通道管口与传感光缆的水平位置。在模拟通道的管口处设置有介质过滤网,防止沙土进入管道,堵塞管口。在做渗漏模拟试验时,调整好渗漏管道管口与传感光纤间的相对位置,将沙土装入模拟箱中,连接好各管道,打开控制阀,水进入模拟箱中的沙土中,产生渗透作用。

渗漏监测单元,在实际堤防中以图 6-6 所示的传感光纤方案进行埋设,当某个地方发

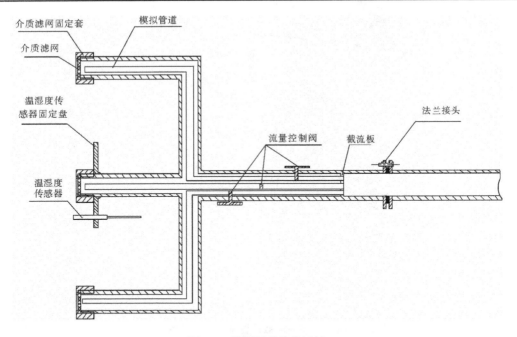

图 6-5　模拟通道结构设计

生了渗漏,由于水体温度和土体温度存在差异,二者之间会发生热量交换,渗漏通道周围的土体内的温度渐渐的将与水体温度相一致,通过读取光纤传感分析仪上发生渗漏前后测试的温度曲线,则可以识别温度发生异常变化的地段,并及时预警。

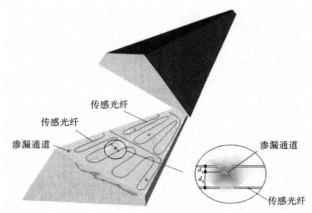

图 6-6　堤防土体内光纤的埋设方案

6.3　渗漏试验分析

研究结果已获得实用新型专利:基于分布式光纤传感的堤防渗流与探测摸拟装置－实用新型专利,专利号 ZL200620052236.0。

试验中采用黄河堤防的土体原样,在郑州黄河水利科学研究院北郊试验基地修建了试验平台,通过流量控制阀控制进水口的流量,模拟渗流发生的严重程度,并测试多种边界条件下的试验数据。

（1）试验目的。

①模拟堤防渗漏,并采用分布式光纤传感技术探测由渗漏引起模型内土体的温度变化和可能发生严重渗漏时出现的土体塌陷。

②检验传感光纤布设方案的合理性。

③根据所测试的数据,研究渗漏流量与土体温度变化的关系。

（2）试验仪器及器具件。

瑞士 DiTeSt – STA202 光纤传感分析仪、光纤熔接机、ZAJQ 型智能控制阀、LWGY 系列涡轮流量传感器、PC 机、温度计、裸光纤若干、卷尺、水泵、电源线、水箱等。

（3）试验方案。

本试验采用一箱体结构填充黄河堤防建筑土样（相关参数见表 6-1）,作为堤防实体模型;在箱体一个方向（长度方向）上预先埋设一条用来模拟渗漏通道的管道,试验进行时,将渗漏管道拔掉;在箱体的首头采用注水的方式将水导入渗漏通道的进口处,其流量由流量控制系统控制;光纤在箱体内的埋设方式和位置如图 6-7,具体的尺寸如图 6-8 所示。整个箱体尺寸为 2 m×1.2 m×1 m,渗漏进水口和出水口布置在箱体的正中间,进水口距离箱体底部 0.8 m,出水口距离底部 0.25 m,在距离箱体首尾分别埋设两条检测光纤,首端的光纤按每层距离 10 cm 布置,共布设 10 层,预埋渗漏管从箱体底部起的第 8、9 层中穿过。尾端光纤每层距离 10 cm,从箱体底部起的第 3 层和第 4 层的距离为 5 cm。第 1 层的光纤长度为 35.00 ~ 36.23 m,第 2 层的光纤长度为 36.23 ~ 37.65 m,第 3 层的光纤长度为 37.65 ~ 39.25 m,第 4 层的光纤为 39.25 ~ 41.00 m。

表 6-1　试验用土相关参数

岩土名称	最优含水量 W（%）	最大干密度 γ（g/cm³）	土粒比重 G_s	压缩系数 A_v (0.1~0.2)(MPa⁻¹)	压缩模量 E_s (0.1~0.2)(MPa)	直剪		渗透系数 k（cm/s）
						黏聚力 C_q（kPa）	内摩擦角 Ψ_q（°）	
低液限粉土	17.80	1.62	2.68	0.107	18.40	23	31.60	7.3×10⁻⁴

本试验分三组流量进行光纤传感测试。第一组,将渗漏流量控制在 100 cm³/s,每隔 10 min 自动测试一次,共测试 4 套数据;第二组,将渗漏流量控制在 130 cm³/s,每隔 10 min 自动测试一次,共测试 3 套数据;第三组,将渗漏流速控制在 250 cm³/s,每隔 10 min 自动测试一次,共测试 6 套数据。

6.3.1　室外模拟渗漏试验

（1）试验前的准备工作。修筑一个 2 m×1.2 m×1 m 的渗漏箱体模型,连接好试验用的水箱、水泵、流量控制阀、传感器等,如图 6-9 所示。

（2）传感检测光纤制作。采用裸光纤制作两条各 120 m 的传感检测光纤,每条传感

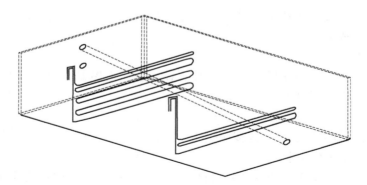

图 6-7　传感光纤布设示意图

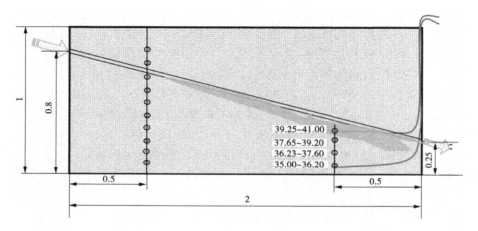

图 6-8　渗漏检测模拟试验模型尺寸　（单位：m）

光纤量取前 30 m 为起点，将从该点起的 30 m 用来检测渗漏，依次在光纤上标 0 m、3 m、6 m、9 m、30 m，在标志 0 m 处前的光纤用来做传输，在标志 30 m 后的 60 m 用来做传感回路。

（3）装样。试验所用土取自正在建设的黄河堤防现场用土，取土场试验得到该粉质黏土的干密度为 1.60 g/cm³。在制样时，干密度与现场保持一致，将一定量的土填入模型箱体击实，在填完一层后压实、刮毛，然后填另外一层，如图 6-10 所示。

（4）土层分布。为能把光纤分层埋入土中，渗漏模型箱体模拟中的土从下往上每次分 10 cm 填入压实，在填压了 3 层后，以每次 5 cm 高度填压，具体操作按渗漏模型箱体两侧的高度标记为基准，压实找平后的土层高度达到该要求的高度时表明达到土层要求。

（5）光纤布设。在距离箱体首和尾各 50 cm 的断面层从底层往上每隔 10 cm 一层敷设，在将要接近预留渗漏通道时，将以每隔 5 cm 一层敷设，为了准确监测渗漏情况，共布置了两条传感光纤，见图 6-11。在敷设的时候，先把该层的土压实，用木板在距离模型箱体首尾 50 cm 处的断面层压一条细沟，把光纤轻轻埋设进去。由于裸光纤很脆，在埋的过程中注意慎防弄断光纤，布置好后把细沟用土填上，轻轻压实，再填压完后，把留在土层外面的光纤两端轻轻来回拉动，不让光纤产生形变。

图6-9　渗漏试验模型　　　　　　　　图6-10　土体分层压实

（6）渗漏通道管道埋设。在距离模型箱体前端底部 80 cm 和模型箱体后端底部 25 cm 处的正中央模型预留进出水口处，埋设一条直径为 4 cm 的预留渗漏通道。该管道首端与进水口相接，末端穿过渗漏出水口。注意事项：在填土过程中保持该管道不被受压变形，以免在试验抽取过程中难以拔出，弄断传感光纤。

（7）传感光纤与解调仪接口连接。把传感光纤引到室内的解调仪处，连接两端的 FC 接头，传感光纤段的 FC 接头接入解调仪的 To sensor 端，回路用的 FC 接头接入 From sensor 端，如图 6-12 所示。注意事项：在连接 FC 接头时必须用酒精擦洗 FC 接头。

图6-11　光纤布设　　　　　　　　图6-12　传感光纤与仪器连接

（8）仪器软件中数据库定义。在解调仪的软件上 Measurement 界面定义好数据库路径和名字。该数据库定义好后表示此次测试所有的数据都保存在该数据库中。

（9）传感器定义。软件上 Configuration 界面定义传感器的名字、起始点、结束点，发射检测激光的脉冲宽度等参数，在 Sensor Manager 定义传感器的中心频率以及扫描的起始和结束频率，选择 Measurement Type 为 Temperature。

（10）传感器调试。在软件的 Measurement 界面选择 Manual 类型，输入 Measruement Name，在 Sensor Collection 中选择前面定义好了的传感器名字，点击 Start 命令进行传感器测试。测试完状态显示灯为绿色表示测试通过；显示灯为红色表示传感光纤定义存在问题，或该传感光纤断裂。在此次测试中，靠近模型箱体前端多层埋设的光纤传感器测试检验时异常，可能出现了光纤折断的现象，选择靠近模型箱体后端的光纤传感器作为此次测试的对象。

（11）制造水温和土体温差。试验中，土体温度为 15.5 ℃，为了模拟工程实际中土体和渗入水体的温差，用冰块将水冷却，冰水温度保持在 11 ℃ 左右。

（12）第一次试验。在流量控制系统的软件上开启流量控制阀，将流量控制在 100 cm³/s，此时拔去预埋渗漏管道，水经渗漏通道从出水口流出。打开光纤解调仪检测程序，设置每 10 min 自行检测一次，每次测试自动保存数据。

（13）第二次试验。待光纤检测数据稳定后，将渗漏流量控制在 130 cm³/s，光纤检测设置每 10 min 自动检测一次，每次测试自动保存数据。

（14）第三次试验。检测数据稳定后将渗漏流量控制在 250 cm³/s，光纤检测设置每 10 min 自行检测一次，每次测试自动保存数据。

（15）测试完毕，进行数据分析。

试验共进行三组，从测试中、测试后以及测试得到的温度曲线，分析本次渗漏试验不仅检测到了渗漏发生后渗漏通道周边介质温度的下降，而且还从大的应变曲线识别到由于大的渗漏发生后导致的上层土体的塌陷，这与堤防模型的外观和开挖后的实际情况吻合，见图 6-13 和图 6-14。在图 6-13 中，箱体的出水口，即实际坝体的出水点附近的土体出现了较大范围的沉降和塌陷。进一步将模拟堤防开挖后，发现坝体内部发生了严重渗漏，如图 6-14 所示。土体的沉降导致各段光纤之间的距离发生改变，产生大的应变，开挖后的渗漏通道如图 6-15（a）所示，图 6-15（b）为开挖后露出的传感光纤图。渗漏发生的全过程温度变化曲线如图 6-16 所示，发生改变的关键温度曲线如图 6-17 所示。

图 6-13　出水点附近的土体塌陷　　　　　图 6-14　开挖后的严重渗漏

图 6-16 反映了渗漏发生后光纤检测的土体温度变化与渗漏流量之间对应关系，曲线 01-25，01-26 检测的是流量为 100 cm³/s 时光纤所在位置的土体温度，各段光纤所检测的温度与渗漏前的土体温度大概一致，表明在渗漏过程中，由于水的渗透力度比较小，渗漏水未影响到该处土体的温度。增大渗漏流量后，曲线 01-30，01-31，02-32，02-33，02-34 检测到渗漏通道周围温度有明显下降，尤其是在光纤的 35.5 m 处（第一层光纤）以及 41 m 处（最上层）特别明显，下降到 10 ℃ 左右，其中在 35.5 m 处的各曲线的温度下降过程充分反映了不同渗漏流速对土体温度影响的变化过程。继续增大流速后，曲线 2-35 在 38 m（第三层光纤）和 40.5 m（第一层光纤）处出现了两个大的波峰，此时，箱体内的土体出现了不同程度的塌陷。这里采用的裸光纤既可测温度又可测形变，在试验过程中，试验的条件是完全受控的，土体内的温度不可能有如此剧烈的变化，可以判断出该处由于土体的塌

（a）位于进水口附近的渗漏通道　　　　　　（b）开挖后出溢点附近的传感光纤

图 6-15　开挖后的渗漏通道塌陷现状

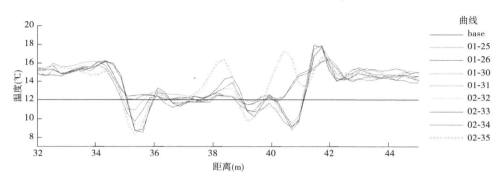

图 6-16　渗漏全过程温度变化曲线

陷引起光纤发生形变，其变化不但抵消了温度的影响，而且还使曲线显著上升。

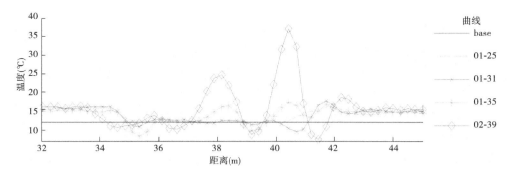

图 6-17　渗漏中的关键温度曲线

图 6-17 反映了渗漏整个过程中发生的三个过程：一是流量较小时，由于渗透力度比较小，没有引起渗漏通道周围的土体温度变化，可以从图 6-17 中的曲线 01-25 看出；二是流量增加时，可从图中曲线 01-31 温度传感起始段（34～35 m）看到，土体温度持续下降，一直降到与水温保持一致；三是流量增大到一定程度后，产生渗漏破坏，引起土体塌方，从图 6-17 中曲线 01-35,02-39 可以看出当温度变化到最低时，曲线由于反映了大的应变值，故在 38 m 和 40.5 m 附近突然上升。

6.3.2　室内模拟渗漏试验

在室外渗漏模拟试验中,由于同时存在温度变化和土体塌方现象,导致传感光纤检测数据的曲线呈不同的变化趋势,为了验证在温度检测的同时也体现了形变对传感光纤的影响,设计了一套室内试验方案,作为渗漏导致土体温度变化与塌陷的分布式光纤传感器检测结果的关键判据。试验方案示意图如图6-18所示。

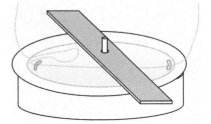

图6-18　室内试验方案示意图

6.3.2.1　试验说明

本验证试验主要分为两部分,第一部分为存在正负温差但不受应力情况下传感光纤数据比较分析;第二部分是既存在温差,又存在不同方向的应力情况下传感光纤数据比较分析。

试验步骤如下:

(1)传感光纤制作。制作一条长为15 m的传感光纤,0～7 m做传输用,7～10 m做温度传感用,10～10.6 m做温度传感和形变测试用,10.6～15 m做光路回路用。

(2)传感光纤布置。在传感光纤10 m和10.6 m处分别粘贴,固定在盆的左右两端,7～10 m自由分布在盆内。连接好传感光纤与解调仪接口。

(3)传感光纤室温初测。在室温下,测试传感光纤的初始状态,模拟渗漏试验中未渗漏前的土温状态。

(4)冰水测试。试验过程中室温为20 ℃,通过加入冰水使水体温度保持在12 ℃左右,对水体温度进行测试,以模拟渗漏试验中渗漏只引起土体温度变化的情况,如图6-19所示。

(5)传感光纤上拉测试。在冰水中,用小钩勾住应力测试段的传感光纤做上拉试验。模拟土体塌方交界处的传感光纤形变所引起的光纤传感数据变化情形。

(6)增加较轻物体加载测试。冰水中,在做应力测试的传感光纤上加载一轻物体,使其产生微小形变,进行测试,模拟渗漏微小形变。

(7)更换重物加载测试。冰水中,更换应力测试传感光纤上的较重加载体,使传感光纤产生较大的形变,进行测试。模拟严重渗漏时发生的土体塌陷,如图6-20所示。

(8)平拉试验。在冰水中,用钩勾住应力测试段的传感光纤做平拉试验。

(9)温水测试。试验过程中室温为20 ℃,通过加入热水使水体温度保持在30 ℃左右,对水体温度进行测试。

(10)试验结束,进行数据分析。

6.3.2.2　数据分析

1.第一组数据分析

本组试验目的是验证光纤传感器在不受应力、周围的环境温度降低或升高时,其检测数据曲线变化趋势与温度的变化是否一致。由图6-21可以分析得出,在6.5～11 m处光

图 6-19　冰水温度测试

图 6-20　重物加载测试

纤受冰水影响时曲线 low temp untrain 呈下降趋势,而该处的光纤受温水影响时曲线 high temp unstrain 呈上升趋势。得出在不受应力的情况下,检测数据曲线变化趋势与光纤周边温度的变化成正对应的关系。

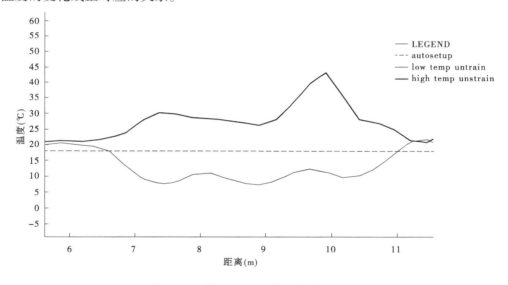

图 6-21　受温水和冰水影响的测试曲线

2. 第二组数据分析

本组试验目的是分析光纤在低温状态、受不同应力情况下的曲线变化情况。从图 6-22 上看,受轻物体影响,曲线 low temp light strain 在 10.5 m 左右有一波峰值;受重物体影响,曲线 low temp weight strain 在该处的波峰值显著上升。分析得出,光纤在低温情况下加载重物时,其曲线变化趋势是随加载力度的增大而上升的。

3. 第三组数据分析

本组试验目的是分析光纤在温水状态、受不同应力情况下的曲线变化情况。从图 6-23 中可以看出,光纤在受上拉、平拉、下压测试试验时,曲线 high temp push on 02、high temp ping strain、high temp weight 02 都是呈上升趋势。

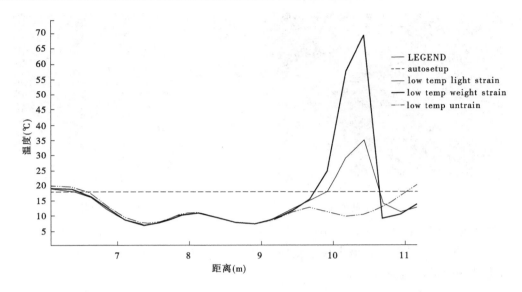

图 6-22　冰水中轻、重物压测试数据曲线

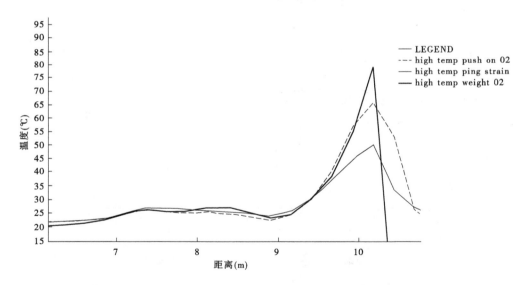

图 6-23　温水中上拉、平拉、下压测试曲线

第 7 章　堤防形变光纤监测试验与分析

7.1　堤防形变监测系统组成

　　监测系统的硬件主要包括 DiTeSt – STA202 分布式光纤分析仪和光纤传感器。DiTeSt – STA202 分析仪通过内部自带的光源发射连续光和脉冲光,根据受激布里渊频移的大小来识别被测传感光缆段上应变变化信息。DiTeSt – STA202 分析仪内部结构如图 7-1 所示。

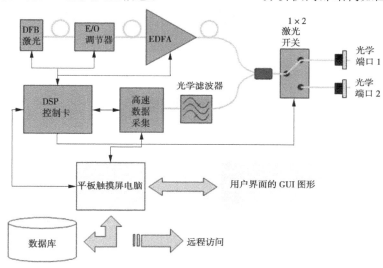

图 7-1　DiTeSt – STA202 分析仪内部结构

　　光纤传感器采用瑞士进口的两种 SMARTape 光缆做传感器,如图 7-2 所示。在测试中,将接头接入分布式光纤传感分析仪,便组成监测回路,如图 7-3 所示。此种光缆只能用来监测形变。

图 7-2　形变监测型 SMARTape 传感光缆的外观

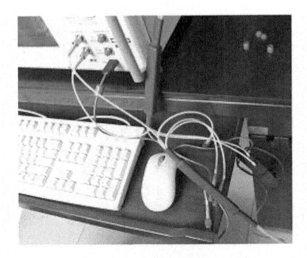

(a) 光缆与分析仪的连接

(b) 典型的连接方式之一：循环配置模式

(c) 典型的连接方式之二：单光纤带反射镜模式

图 7-3   光缆与分析仪的连接

选用光缆中,有一种为既可监测温度变化,又可监测形变变化的两用光缆,如图 7-4 所示。该种光缆共有四根光纤,其中中间两根为不受拉伸的自由光纤,用来监测温度变化;另外两根的长度会因拉升发生变化,为监测形变的工作光纤。

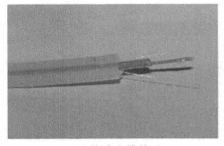

（a）传感光缆外观

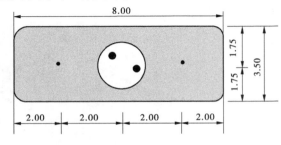

（b）传感光缆断面结构示意图   （单位:mm）

图 7-4   传感光缆

SMARTape 传感光缆的技术特性如表 7-1 所示。由于光缆的弯曲半径会影响光信号的传输,在铺设时,必须保证长期工作状态下的光缆具有最小为 100 mm 的曲率半径。

表 7-1　瑞士 Omnisens 的 SMARTape 传感光缆的性能参数

典型尺寸	0.2 ~ 13 mm
最大长度	400 m
动态范围	−1.5% ~ 1.5%
口径测定	只在生产期间测定
可靠期	>20 年
温度补偿	不需补偿
传感器质量	4.2 kg/km
最小曲率半径	100 mm 长期操作使用
	50 mm 安装储备期间
最大伸长率	1.5%
最大流体静力学压力	3×10^7 Pa
温度范围	−55 ~ +300 ℃长期操作使用
	−5 ~ +50 ℃安装储备期间

7.2　形变监测系统布设及结构设计

以黄河新建丁坝为监测对象,进行形变监测系统布设及结构设计,并对所设计的几种方法进行分析比较。

由于黄河堤防一般为土石坝,结构松散,而光纤应变传感需要两个相对固定的连接,使之发生相对变形才能得到周边介质的形变。因而,在利用分布式光纤/光缆对堤防形变进行监测时,光纤/光缆的布设是个必须解决的难题。以下将介绍堤防的形变监测系统的设计和光纤/光缆的布设方案,以及布设所需的零部件结构设计。

7.2.1　方案一:T 形布设方案及结构设计

丁坝的破坏都是从丁坝的坝头部位开始,在监测时,应将丁坝的坝头作为重点监测对象。此方案主要采用硬质结构支撑光纤,并埋设在丁坝坝头(见图 7-5)。该结构由 T 形支撑架、圆筒连接件、安全保护盒等三部分组成。光缆粘贴在 T 形结构件上(见图 7-6),光缆的两端接头接入监测仪。T 形结构件连接固定圆筒。固定圆筒通过固定桩固定在坝体上的 T 形支撑架(见图 7-7)上,由长短两段耐腐蚀钢板焊接而成。长钢板一端与短板焊接。

另一端开 3 个光孔,便于与圆筒连接件连接。具体长短、宽度依具体情况而定。如丁坝在建设中统一标准,则该 T 形支撑架也可统一确定其尺寸。光纤粘贴固定在 T 形支撑架上(图中红色部分为光纤)。各 T 形支撑架上的光纤在保护盒内熔接在一起,形成光纤回路。为保证支架与土体结构变形的协调一致,要求支架材料的弹性模量与土体弹性模量基本保证一致(或相差不大)。

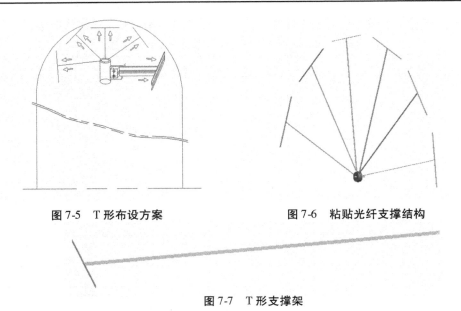

图 7-5　T 形布设方案　　　　　　　　　图 7-6　粘贴光纤支撑结构

图 7-7　T 形支撑架

　　圆筒连接件(见图 7-8)由 6 个类似于叶片(见图 7-9)的耐腐蚀薄钢板焊接在耐腐蚀圆筒上,6 个叶片分上下两层间隔均匀布置,叶片端部开 3 个螺纹孔,以便与 T 形架连接(见图 7-10)。

图 7-8　T 形支撑架端部结构　　　　　　图 7-9　光缆的连接示意图

　　安全保护盒(见图 7-11)分上、下两个,各开 4 个槽,其中 3 个对应于一层叶片,以便于叶片从安全保护盒内伸出。上、下两个安全保护盒中间开有与圆筒外径一致的孔,以便于圆筒伸出。

　　具体监测方案:在建设丁坝过程中,在一碾平的水平面内安装以上结构。在坝头近似圆心处垂直于地面钉上一根长度较长的桩,用来固定整个装置。桩的具体长度根据地质情况决定。在桩上先穿上安全保护盒下盖,再穿上圆筒连接件,各叶片放置在保护盒下盖的开口处并朝向坝头。将粘贴好光纤的 T 形支撑架用螺钉连接在圆筒连接件上。然后再分别将两层 T 形支撑架相邻的光纤接头逐一熔接起来。两层之间也进行熔接,但各留出一端,用来发射和采集光信号。最后,盖上安全保护盒上盖,并从另两个缺口引出光纤熔接上 FC 接头后,接入 DiTeSt – STA202 光纤传感分析仪。

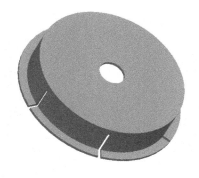

图 7-10　圆筒连接件　　　　　　　　　图 7-11　安全保护盒

7.2.2　方案二:近似多边形布设方案及结构设计

　　T 形布设方案主要是以丁坝坝头作为形变监测的对象。为了对整个丁坝坝体的形变进行监测,可以直接采用等距离多边形布设方式。在丁坝坝头处,直接将光缆等距离地成近似正多边形埋设在坝头某一水平面内,并且较接近坝头外沿处。在每个多边形拐角处打桩,并在桩上安装夹具以夹紧光缆,防止光缆在受力时产生较大距离滑移。在丁坝坝身部分,采用相同的方式在相同距离处打桩并夹紧光缆(见图 7-12)。该图是以一黄河丁坝实例设计的具体布设方案。丁坝顶部宽度为 15 m,迎水面坡度为 1∶1.5,背水面坡度为 1∶2,裹石厚度为 1 m。由于丁坝两侧坡度不同,可以忽略其影响,近似地看作半圆。那么,所需布设光缆的平面宽度为 18 m,光缆距离裹石内壁距离为 0.5 m。每间隔 2 m 打一根耐腐蚀金属桩。其中,红色线条为光缆,蓝色点为金属桩。采用这种布设方式既可监测丁坝坝头发生的形变,也可监测坝身的形变。显然采用这种布设方案,关键问题是设计好夹光缆的装置。

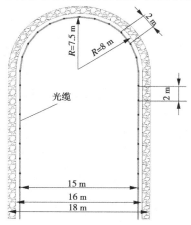

图 7-12　近似多边形布设方案

　　此方案所采用的装夹装置结构如图 7-13 所示。装置由固定桩、扇面固定夹板、带槽光缆夹板、平夹板、扁平螺钉以及普通螺钉等组成,见图 7-14 ~ 图 7-17。

　　扇面固定夹板上开有夹角为 120°的圆弧槽。圆弧槽内侧每隔 15°开螺钉孔(共计 9 个),螺钉孔与圆弧槽之间开宽为 1/2 ~ 2/3 孔半径的槽连通(见图 7-14)。设计这种结构是为了使光缆夹在不同角度倾斜,从而使条带式形变传感光缆(SMARTape)可以呈不同角度进行布设。圆弧槽的圆心部位开螺钉孔,带槽光缆夹板在对应的圆弧中心位置开螺钉孔,两零件用螺钉连接。螺钉与孔成间隙配合,便于带槽光缆夹板可以绕螺钉自由转动。两片扇面固定夹板通过螺钉连接固定装夹在固定桩上。

　　带槽光缆夹板如 7-15 所示,其上开夹角为 30°的圆弧槽,圆弧槽内侧每隔 15°开螺钉孔,共计 3 个。光缆夹板上面开槽用以夹光缆。光缆夹板与扇面固定夹板除中心孔处用一螺钉间隙连接外,另外在圆弧槽内侧的螺钉孔用两个特殊的扁平螺钉连接(见图 7-16)。

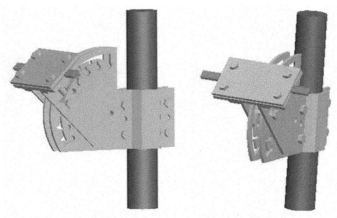

图 7-13　装夹装置结构

图 7-14　扇面固定夹板　　　　　　　　　　**图 7-15　带槽光缆夹板**

如图 7-16 所示,该螺钉中间部位成扁平结构,以方便通过连通小槽在圆弧槽和均布的螺钉孔之间滑动。这样,在不需要将螺母完全拆除的情况下就可以自由滑动螺钉,安装调节更方便。扁平螺钉的端部攻螺纹,拧紧螺母后就可以将扇形固定夹和光缆夹紧固。

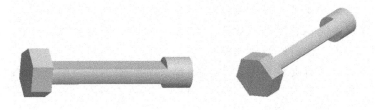

图 7-16　扁平螺钉

具体监测方案:在建设丁坝过程中,在一碾平的水平面内安装以上结构。在坝的边缘钉上一排固定桩,用来固定整个装置。桩的具体长度根据地质情况决定。在固定桩上安装好光缆固定夹。再用固定夹夹紧光缆。光缆的两端接头接入 DiTeSt – STA202 光纤传感分析仪。

7.2.3　方案三:网格式布设方案及结构设计

以上两种监测方案中,传感器都是布设在一个平面内。根石作为丁坝等险工的基础,因此丁坝坝根处根石的走失是丁坝发生形变破坏的最根本原因。为此,可以将光缆进行空间布设。光缆分为水平和竖直两个方向进行布设。水平布设的光缆监测根石的走失。竖直布设的光缆埋设在丁坝内,监测丁坝体内的形变,如图 7-17 所示。

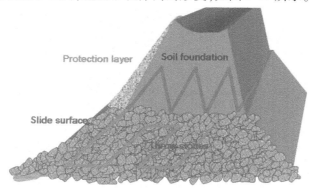

图 7-17　网格式布设方案

7.2.3.1　传感器夹具设计

水平敷设示意图如图 7-18 所示。结构件由长、短两块钢板和圆弧连接板经螺钉连接而成。长板和短板中间都开宽度 8 mm、深度 2 mm 的凹槽,用来装夹光缆。为保证光缆的最小曲率半径,两板之间用弯曲板连接。弯曲板上开半径大于 100 mm、宽度 8 mm、深度 2 mm 的凹槽用来装夹光缆,如图 7-19、图 7-20 所示。

图 7-18　水平敷设示意图

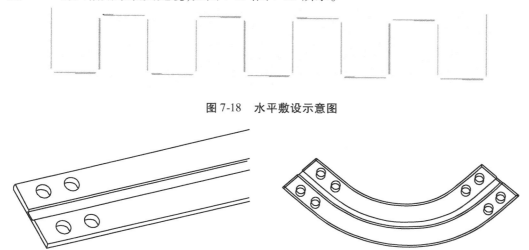

图 7-19　直板开槽示意图　　　　　　　　图 7-20　圆弧连接板示意图

光缆在垂直平面内敷设时,所采用结构如图 7-21 所示。该结构由夹子和两块装夹板组装而成。

光缆紧贴在装夹板的凹槽内,此凹槽用来保证最小曲率半径,并能让光缆在竖直面上

图 7-21　竖直敷设示意图

成一定倾斜角度敷设,如图 7-22 所示。另一块夹板无槽,如图 7-23 所示。两块板用螺钉紧固,这样就可以夹紧光缆。

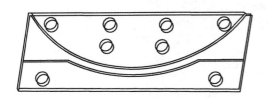 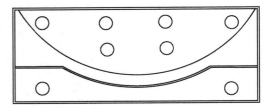

图 7-22　光缆夹有槽夹板示意图

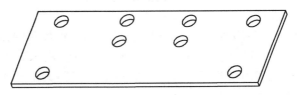

图 7-23　光缆夹无槽夹板示意图

　　夹子如图 7-24 所示,主要用于将结构固定装夹在竖直的固定桩上。

　　水平方向敷设转向竖直方向敷设时,为保证光缆曲率半径(100 mm),采用圆弧过渡件,如图 7-25 所示,将其用螺钉连接在过渡处的直板上。采用这个结构,可以保证光缆由水平面转向垂直平面敷设时的弯曲半径。

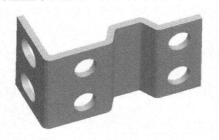 

图 7-24　夹子　　　　　　　　　　　图 7-25　圆弧过渡件

7.2.3.2　施压装置的工作原理和结构设计

　　由于光缆埋设于坝体内部,研究光缆的受力很难量化。为便于试验,建立能上下自由滑动的施压平台。在施压平台上可以加载砝码等重物。平台底部开不同倾角的凹槽,将传感光缆放进不同倾角的凹槽内,便可模拟不同方向的受力。施压平台与砝码的重量在垂直于光缆平面方向的分力即为光缆所承受的力。在平台上逐步加载砝码,每加一次,利用分布式光纤传感分析仪对光缆进行一次扫描。扫描后,光缆的应变和对应位置将自动保存。试验完成后,建立应变与受力图,求出光缆所受力与应变之间的对应关系。

　　加载装置模型如图 7-26 所示,由三部分组成:施压台(见图 7-27)、立柱(见图 7-28)和辅助装置。施压台包括施压板和托架。施压板用来承重,通过堆放砝码等重物对光缆施压;托架与施压板相连起支撑作用,其中施压板的厚度设计为 20 mm,以减小结构自身形变对试验的影响;长和宽根据测试仪器 DiTeSt 的最小分辨率为 0.5 m,分别设计为1 200 mm 和 220 mm。在施压板的下底面沿长度方向开有 6 个不同倾角的槽,与水平面的夹角分别为 0°、15°、30°、45°、60°、75°和 90°。当光缆被放置在具有不同倾角的凹槽时,可模拟对光缆进行不同方向施加压力的工况。托架厚为 6 mm,长和宽分别为 1 200 mm和 300 mm。托架通过设置在 4 个角上的凸台与立柱相连,立柱的一侧开有凹槽。工作时托架的凸台可在立柱的凹槽中滑行,初始加载时施压板则由立柱上一定高度位置的四个挡块支撑。当加载到某要求的重量后,拨开位于立柱上的挡块,施压板和重物一起沿着立柱上的凹槽向下滑行,从而两端被固定、中间段被置于施压板下斜槽内的光缆进行施压。用来夹持光缆的光缆夹,是施压台的辅助装置。

图 7-26　加载装置模型

　　具体监测方案:在丁坝建设初期,安装好水平敷设的结构,并安装圆弧过渡件。装夹好光缆后,埋设在丁坝坝头的坝根处。一半埋入坝体,以固定该水平装置;另一半裸露在外,在丁坝完工后在其上铺上根石,然后打固定桩,在桩上装夹好光缆夹,对光缆进行竖直方向的敷设。光缆的两端接头接入 DiTeSt – STA202 光纤传感分析仪,随后开始丁坝的修筑。修筑时,注意保护光缆,以免在施工过程中被损坏。

7.2.4　方案四:悬臂式布设方案及结构设计

　　该设计已获得实用新型专利:分布式光纤形变探测管 – 实用新型专利,专利号200820053548.2。

　　前面两种方案,都能监测形变的发生。但对于丁坝具体的形变量的大小很难标定。

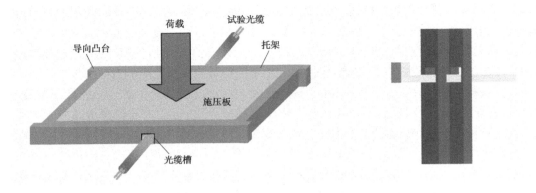

图 7-27　施压台　　　　　　　　　　　图 7-28　立柱

　　为解决该问题,发明了分布式光纤形变探测管,并在此基础上提出了方案四。直接将裸光纤穿入如图 7-29 所示的筒体内部。整个监测装置埋设在丁坝坝头的坝根处,然后在上面铺建筑材料。筒体由一排分布式光纤形变探测管和横梁筒体组合而成(见图 7-30)。

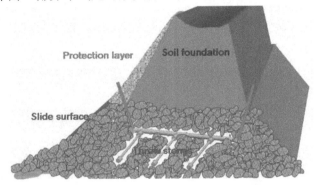

图 7-29　悬臂式布设方案

图 7-30　筒体结构示意图

　　分布式光纤形变探测管的结构设计和工作原理为:光纤在发生弹性变形时,其所受拉力和伸长量满足虎克定律。在弹性系数已知的情况下,根据所受拉力的大小,可以求得光纤的伸长量,进而可以求出其应变。将光纤一端装夹一重物块,另一端固定后置于圆筒体中,两端连接分布式光纤传感分析仪。将筒体埋于坝体中,当松散土石坝发生沉降时,筒体发生倾斜,重物块滑动使光纤传感器发生拉伸。该沉降量与应变之间满足一定关系式。利用分布式光纤传感分析仪对光纤光缆进行扫描后,可得到光纤应变的大小和具体位置。据此,可以推算土坝的沉降量。

光纤形变探测管由一根测斜管、两块挡板、两个质量块、四个光纤固定夹、光纤和左右两个端盖组装而成,如图 7-31 所示。两块挡板、两个质量块及右端盖上均加工有上下两个光纤通道孔。两块挡板用螺钉安装固定在测斜管内。左挡板的上光纤通道孔的左端、右挡板的下光纤通道孔的右端、左质量块的下光纤通道孔的左端以及右质量块的上光纤通道孔的右端均安装光纤固定夹,用以固定光纤。左右两质量块均可在测斜管内移动,其移动极限位置受其左右两边的光纤固定夹限制。

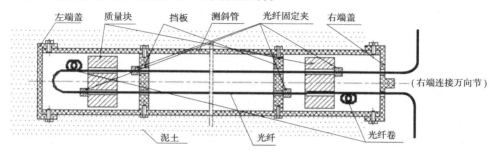

图 7-31　光纤形变探测管结构

与分布式光纤传感分析仪的一个端口连接的光纤首先从右端盖的上孔穿入,依次通过右质量块和右挡板的上孔、左挡板和左质量块的上孔、左挡板和左质量块的下孔、右挡板和右质量块的下孔,再从右端盖的下孔穿出,连接到分布式光纤传感分析仪的另一个端口,从而构成探测光纤通路。光纤在通过各光纤通道孔时,在安装有光纤夹的地方均用光纤夹固定。

上下光纤均适当拉紧,但张力不宜过大。拉紧后,预留下多余的光纤在左质量块的左端和右质量块的右端均卷成光纤卷。为保护光纤,右端盖、左右质量块和左右挡板的孔内均设有橡胶保护套。

监测形变时,将探测管主体埋入土体中,其右端盖与一高度和探测管中心线等高的万向节连接。当土体发生形变时,探测管即可绕万向节的中心发生相应的摆动。

分布式光纤形变探测管的探测原理如图 7-32 所示,管腔体的自由端(左端)置入被检测土体介质中,管腔体的固定端(右端)与分布式光纤传感分析仪连接。当介质下沉时,管腔体自由端向下倾斜,自由端质量块在重力作用下滑向管端,致使下光纤通道内光纤被拉伸。同理,当介质隆起时,管腔体自由端上翘,固定端质量块滑向管端,致使上光纤通道光纤被拉伸。光纤受拉伸时的形变信息通过光纤输入分布式光纤传感分析仪。分析仪自动记录形变的应变大小和具体位置。经过理论推导的公式计算后,便可得到土体介质的沉降量。

光纤探测管附件和探测管的实物分别如图 7-33 和图 7-34 所示。

具体监测方案:在丁坝建设初期,安装好探测管中的结构。分布式光纤形变探测管的右端通过法兰盘与连接筒体相连。分布式光纤形变探测管的右端与横梁筒体之间通过质量块、连接件、法兰盘依次连接,如图 7-33 所示,其中法兰盘 2 套可以自由周向转动。上下两条光纤沿左右两个方向穿过横梁筒体。相邻光纤形变探测管引出的光纤用光纤熔接仪熔接在一起。最后,光纤的两端口熔接的 FC 接头与传递信号的光缆熔接后,连接 DiT-eSt – STA202 光纤传感分析仪。

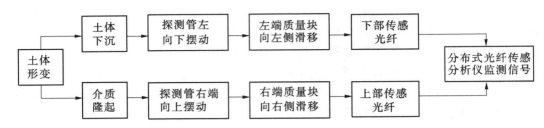

图 7-32　分布式光纤形变探测管探测原理

(a) 质量块　　　　　　　　(b) 连接件　　　　　　　　(c) 法兰盘

图 7-33　光纤探测管附件

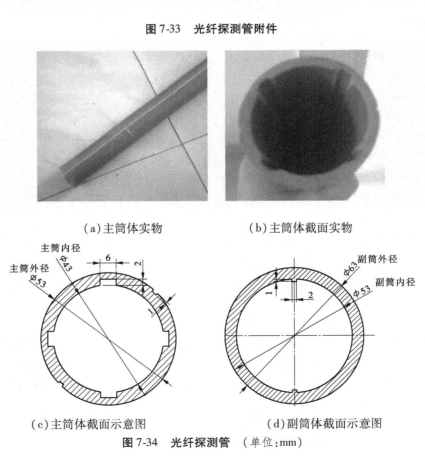

（a）主筒体实物　　　　　　　（b）主筒体截面实物

（c）主筒体截面示意图　　　　　　（d）副筒体截面示意图

图 7-34　光纤探测管　（单位：mm）

（e）副筒体实物　　　　　　　　　　（f）副筒体截面实物

（g）光纤探测管总装实物

续图 7-34

综合考虑了探测管的各方面的要求,确定探测管的主筒体和副筒体,购买商业用的测斜管作为主副筒体。光纤探测管具有以下特点:

（1）在主筒体的外壁上有两条槽,且两条槽是对称分布在主筒体的外壁上的。其截面形状大小为高度 1 mm、宽度 2 mm,导槽光滑。同时相对应的副筒体内侧有一条相应主筒体外壁槽的凸台条。当使主筒体和副筒体连接时,用副筒体的内凸台对准主筒体的外壁凹槽,顺着主筒体的凹槽可以滑动。这样就可以确定主筒体和副筒体的 5 个自由度。同时在主筒体和副筒体的一端对应的位置分别钻同一型号的螺孔,这用于在主筒体和副筒体的连接过程中的限制主筒体和副筒体的最后一个自由度,当副筒体顺着主筒体的凹槽滑动时,直到主筒体和副筒体相对应的螺孔在同一个位置,这样用螺钉使主筒体和副筒体连接在一起,限制了其最后一个自由度,从而使主筒体和副筒体完全被确定。

（2）主筒体的内壁有四条深 2 mm、宽 6 mm 的凹槽,分别分布在主筒体的内壁的四个对称位置,这个凹槽在以后的法兰盘的设计中有很重要的作用,设计的法兰盘是一个在小圆环边上有凸起的圆环体,在安装法兰盘时,其中小圆环体的两个凸起的地方可以顺着主筒体内壁凹槽前后滑动,但不能旋转和上下移动,这样可以控制法兰盘的 5 个自由度。同时,在法兰盘的小圆环壁上还有 1 个螺孔,可以和主观上的螺孔配套,故确定了最后一个自由度。

四种监测方案,理论上讲都是有效可行的。四种监测方案的优缺点对比如表 7-2 所示。

表 7-2　形变监测方案对比

方案编号	优点	缺点
方案一	(1)易于监测大坝水平方向的形变; (2)只需打一个固定桩,施工容易	(1)光缆在粘贴过程中,难以保证曲率半径; (2)监测不到丁坝坝头前方根石的走失
方案二	(1)可以调整光缆的倾斜角度,达到最好的监测效果; (2)能监测大坝水平和竖直两个方向的形变; (3)易于施工	监测不到丁坝坝头前方根石的走失
方案三	(1)不仅可以监测大坝水平方向而且可以监测竖直方向的形变; (2)能监测到丁坝破坏的最初形式:根石的走失,能更好地预警堤防的破坏	(1)需加工的结构件较多; (2)受结构本身重力影响较大; (3)结构的设计和加工需考虑到光缆的曲率半径
方案四	(1)使用裸光纤监测,不需要考虑较大的曲率半径; (2)裸光纤监测,更直接有效,更灵敏; (3)可有效判断坝基的变形方式(向上隆起或者下沉坍塌); (4)应用前景更广阔	(1)探测管的长度不能过长,否则如果弯曲过大,易导致探测管失效; (2)如探测管受力变形后弯曲,就不能确定具体形变位移; (3)由于使用的是裸光纤,易断,安装时需要细心

显然方案三和方案四具有一定优势,在实际现场测试时,应采用方案三或方案四。

7.3　形变试验研究

该方法已申请国家发明专利:分布式光纤形变探测管及其检测方法——发明专利,申请号 200810031609.X。

为得知形变与光纤应变量之间的关系规律,设计了光纤拉伸试验,测试光纤探测管中起传感作用的光纤长度为 2.24 m 的光纤的弹性系数。

7.3.1　光纤拉伸标定

7.3.1.1　试验目的

(1)确定光纤形变探测管中光纤的最大承载,为光纤形变探测管中的质量块的设计提供理论依据。

(2)通过光纤的拉伸试验,求出所选用光纤的弹性系数 k,为验证光纤形变探测管的理论推导公式提供弹性系数的具体数据。

试验所用工具:光纤夹、裸光纤、砝码组、量尺、卷尺及其他附件,如图 7-35 所示。

图 7-35 试验用具

7.3.1.2 试验操作方法

光纤一端用光纤夹固定在试验架上,另一端自然悬垂,在光纤距固定端为 2.24 m 处用胶布做好标记,然后逐步加载重物,使光纤被拉伸长(见图 7-36)。根据标记处的位置变化记录光纤的伸长量。光纤末端夹两个光纤夹时质量为 100 g(一个带底座,另一个不带底座),然后以 100 g 为单位在光纤夹上逐步加大载荷。当加载到 1 kg 时,光纤断裂。

图 7-36 拉伸试验

7.3.1.3 试验结果与分析

试验所得测量数据如表 7-3 所示。

表 7-3　长度为 2.24 m 的传感光纤所受载荷与伸长量的关系

序号	1	2	3	4	5	6	7	8	9
载荷质量(kg)	0.1	0.2	0.3	0.4	0.5	0.6	0.7	0.8	0.9
伸长量(m)	0.001 5	0.003 0	0.004 5	0.006 0	0.007 5	0.008 7	0.011 0	0.012 5	0.014 5

　　对表 7-3 中的试验结果,用 Matlab 软件进行回归分析,便可以得到传感光纤所受载荷与伸长量之间的关系式和图形,如式(7-1)和图 7-37 所示。

　　拉力与伸长量之间的回归函数为：

$$y = 608.747\,2x + 0.219\,4 \tag{7-1}$$

则弹性系数 $k = 608.747\,2$,其倒数 $1/k = 0.001\,64$。

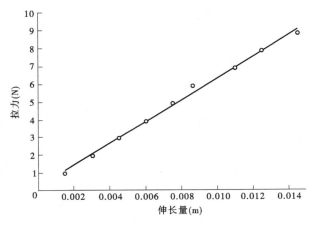

图 7-37　长度为 2.24 m 的传感光纤所受载荷与伸长量的关系

7.3.1.4　试验结论

　　(1)所选用光纤的最大承载约为 1 kg,因此光纤探测管中质量块的质量应小于 1 kg。同时考虑到实际应用中的拉伸效果,其质量应在 500 g 左右为宜。

　　(2)所选用光纤的弹性系数 $k = 608.747\,2$,其倒数 $1/k = 0.001\,64$。

7.3.1.5　分布式光纤形变探测管性能研究

　　设光纤初始长度为 L。当探测管发生倾斜,设与水平线的倾角为 θ_1,左端质量块对光纤的拉伸力为 F_1,相应的光纤拉伸后的长度为 L_1,如图 7-38 所示。

　　显然有：

$$F_1 = Mg \cdot \sin\theta_1 \tag{7-2}$$

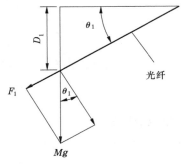

图 7-38　土体沉降时光纤
受力示意图

由于

$$\varepsilon_1 = (L_1 - L)/L; \quad L_1 = (1 + \varepsilon_1)L \tag{7-3}$$

有　$L_1 - L = \dfrac{F_1}{k} = \dfrac{Mg\sin\theta_1}{k}$（$k$ 为弹性系数），则

$$\sin\theta_1 = \frac{k(L_1 - L)}{Mg}\sin\theta_1 = \frac{kL_1}{Mg} \tag{7-4}$$

将式(7-3)代入式(7-4)，得

$$\sin\theta_1 = \frac{k\varepsilon_1 L}{Mg} \tag{7-5}$$

又

$$D_1 = L_1\sin\theta_1 \tag{7-6}$$

将式(7-5)代入式(7-6)，得

$$D_1 = L_1\frac{k\varepsilon_1 L}{Mg} = \frac{(1 + \varepsilon_1)\varepsilon_1 kL^2}{Mg} \tag{7-7}$$

同理可得，当探测管与水平线呈倾角 θ_n 时：

$$D_n = L_n\frac{k\varepsilon_n L}{Mg} = \frac{(1 + \varepsilon_n)\varepsilon_n kL^2}{Mg} \tag{7-8}$$

由于应变的二阶项是个很小的量，可以忽略，由式(7-7)可得：

$$D_i = \frac{kL^2}{Mg}\varepsilon_i \tag{7-9}$$

对于设计完成的探测管，传感光纤的长度 L 和质量块的重力 Mg，以及光纤拉伸力和长度之间的比例常数 k 均为已知量，设 $K = \dfrac{kL^2}{Mg}$，则被测沉降量（垂直位移）和光纤应变之间的线性关系式为：

$$D_i = K\varepsilon_i \tag{7-10}$$

7.3.2　分布式光纤形变探测管性能测试

7.3.2.1　试验目的

基于瑞士 Omnisens 公司生产的 DiTeSt 光纤传感分析仪，通过测试分布式光纤探测管在实际工作中的沉降量（垂直位移）和光纤应变值来验证分布式光纤形变探测管的理论推导公式的正确性。

7.3.2.2　试验设备

瑞士 DiTeSt – STA202 光纤传感分析仪、分布式光纤形变探测管、光纤熔接机、FC 接头等。

7.3.2.3　试验操作方法

组装好分布式光纤形变探测管,如图 7-39 ~ 图 7-41 所示,将光纤两端接入 DiTeSt -
STA202 光纤传感分析仪,用于进行土体形变的试验研究。

图 7-39　探测管实物

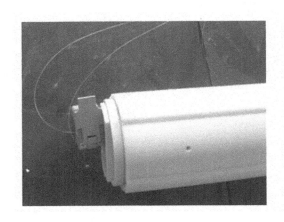
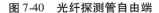

图 7-40　光纤探测管自由端

图 7-41　光纤探测管固定端

DiTeSt - STA202 光纤传感分析仪采用基于光纤光学和激光的测量系统,使用激光的
相互作用的测量原理,即受激布里渊散射(Stimulated Brillouin Scattering,SBS)。

由于上下部光纤的工作原理完全相同,试验中取下部光纤为研究对象。分析仪自带
的软件可以自动记录光纤应变信息,并可以图形和表格形式输出试验结果。

7.3.2.4　操作步骤

(1)安装好形变探测管试验中,质量块的质量为 0.28 kg,下部两光纤夹之间的传感
用光纤的初始长度 L 为 2.24 m。

(2)连接光纤传感分析仪。为便于试验数据的标定,将下部光纤 FC 接头接入分析仪

的 To sensor 端,上部光纤 FC 接头接入 From sensor 端。注意事项:在连接 FC 接头时必须用酒精插洗 FC 接头。测得下部光纤 FC 接头到右固定板下部光纤夹之间的光纤长度为4.2 m,到左质量块下部光纤夹之间的光纤长度为 6.44 m,则距离 To sensor 端 4.2 ~ 6.44 m 段的光纤为传感用光纤。

(3)定义数据库。试验前,在仪器自带软件的 Measurement 界面定义好测试所得数据的保存路径和文件名。定义文件夹名称为 tcg - wsl。如果不设置,则数据被保存到默认路径。

(4)定义传感器。在软件的 Configuration 界面上定义传感器的名称、起始点、结束点,发射检测激光的脉冲宽度等参数,在 Sensor Manager 定义传感器的中心频率及扫描的起始频率和结束频率,选择 Measurement Type 为 Strain。试验定义传感器名称为 tcg33,Fiber Start 为 1 m;Fiber End 为 7 m;分辨率 Spcial Resolution 为 0.5 m。

(5)将形变探测管右端连接万向节并固定,右端盖距地面高度为 2 m。将形变探测管倾斜不同的角度,记录下每次左端离地面的高度,如表 7-4 所示。右端与左端离地面距离的差值即为探测管的沉降量 D。然后用分析仪扫描传感器,并自动记录其应变。

表 7-4　探测管沉降量　　　　　　　　　　　　　　（单位:m）

试验名称	t_1	t_2	t_3	t_4	t_5
自由端距地面高度	2	1	0.8	0.4	0.1
沉降量	0	1	1.2	1.6	1.9

7.3.2.5　分布式光纤形变探测管试验结果分析

图 7-42 为图形输出结果,可以看出沉降量与应变之间存在明显的线性关系。为进一步研究,由分析仪自带的软件导出与 To sensor 端距离 5 ~ 6 m 处传感光纤的应变数据,如表 7-5 所示。

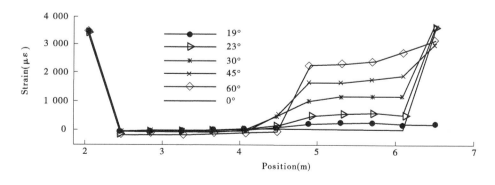

图 7-42　探测管沉降量试验结果

表 7-5　距离—应变试验数值

距离(m)	应变值($\times 10^{-6}$)				
	ε_1	ε_2	ε_3	ε_4	ε_5
4.88	0	583.13	1 129.14	1 526.53	1 904.81
5.29	128.20	762.82	1 156.82	1 535.71	1 914.81
5.70	135.90	788.72	1 199.48	1 637.81	1 990.82

沉降量(垂直位移)和光纤应变之间的线性关系式为:

$$D_i = K\varepsilon_i \tag{7-11}$$

其中, $K = \dfrac{kL^2}{Mg}$ 。

由于光纤的弹性系数 $k = 608.747\,2$,那么

$$K = \frac{kL^2}{Mg} = \frac{608.747\,2 \times 2.24^2}{0.28 \times 9.8} = 1\,113.14$$

取表 7-5 中长度为 5.29 m 处光纤的微应变为例,将微应变数据代入公式(7-11),分别求出探测管的沉降量为:

$$D_1 = K\varepsilon_1 = 1\,113.14 \times (762.82 - 128.20) \times 10^{-6} = 0.706(\text{m})$$
$$D_2 = K\varepsilon_2 = 1\,113.14 \times (1\,156.82 - 128.20) \times 10^{-6} = 1.145(\text{m})$$
$$D_3 = K\varepsilon_3 = 1\,113.14 \times (1\,535.71 - 128.20) \times 10^{-6} = 1.567(\text{m})$$
$$D_4 = K\varepsilon_4 = 1\,113.14 \times (1\,914.81 - 128.20) \times 10^{-6} = 1.988(\text{m})$$

由以上计算结果可以看出,与探测管的实际沉降量基本相符,从而验证了形变探测管监测土体形变的可行性。对距离光信号输出端 4.88 m 和 5.70 m 处光纤的应变进行计算分析后,可以得到同样的结论。

7.3.3　形变应用试验

7.3.3.1　试验目的

(1)模拟堤防变形甚至崩塌。采用分布式光缆做传感器,根据试验数据监测堤防土体内部的形变,并检验试验结果与实际情况的一致性,验证堤防形变监测系统的可行性。

(2)检验光缆敷设方案的合理性。

(3)试验结果有利于指导进一步的工程实践研究,为实际的工程监测积累经验、提供参考。

7.3.3.2　试验设备及工具

DiTeSt - STA202 光纤传感分析仪、光纤熔接机、条带式形变传感光缆(SMARTape)、钢筋、光缆夹、铁铲、卷尺、酒精、医用棉花等。

7.3.3.3　试验方法和步骤

用黄河堤防原土样模拟搭建堤防模型,在堤防模型中敷设之前介绍的两种不同的条带式形变传感光缆(SMARTape)。光缆与 DiTeSt - STA202 光纤传感分析仪连接,并在光

纤传感分析仪中设置好传感器后,调试好光纤传感分析仪。模型搭建好以后,让土体稳定两周以上的时间。然后在堤防顶部单边加载,直至发生变形破坏。试验过程中每隔一段时间同时对两根光缆进行监测,光纤传感分析仪自动记录试验数据。

为了验证所构建的系统的可行性,需要建立该监测系统,并对其进行试验研究。基于分布式光纤传感的堤防形变监测试验研究分为以下四个试验步骤。

1.搭建丁坝试验模型

以黄河丁坝为例,采用黄河堤防现场土样,以 1:20 的比例修建堤防模型。模型的具体的尺寸和修筑方法如下:

(1)模型尺寸:顶部 1.14 m×4.5 m,底部 2.8 m×4.5 m,高 1.5 m,两侧面坡度分别为 50°和 75°。分为两个区,密度大的部分底部宽 1.2 m,密度小的部分底部宽 1.6 m。

(2)修筑方法:首先在底部铺上一层砖,再铺塑料布以防止后续试验中产生的泥水横流;然后在四周用木板或沙袋以模型底部尺寸筑起防护外壁。最后,在防护外壁构筑成的箱体内进行分层填筑并夯实。一侧虚铺 8 cm,拍打到 5 cm 左右,使干密度控制在上部 1.45 g/cm³ 左右;另一侧虚铺 8 cm,使干密度控制在 1.35 g/cm³ 左右。夯后的厚度根据原土实际情况及初期夯打情况决定。填筑过程中,每 20 cm 测量含水率和干密度。待土体稳定一周后,取掉支挡物,削坡成形,如图 7-43 所示。

图 7-43　丁坝试验模型

2.埋设传感光缆

试验中采用了两根瑞士生产的 SMARTape 型传感光缆,该光缆共有 4 根光纤,其中中间两根为不受拉伸的自由光纤,另外两根为工作光纤。光缆埋入前,先标记好两根传感光缆的信号输出端,在丁坝模型距地面高度为 1.2 m 的平面内以下面两种不同方式敷设,如图 7-44 所示。光缆"1"环绕坝体边缘敷设,上下两侧敷设的光缆长度为 3.7 m,距离边缘 0.35 m。左侧长度为 0.8 m,距左端边缘 0.8 m。埋于坝体内,用于做传感器的光纤段距光信号输出端距离为 20 m,由于在土体内部的光纤总长度为 8.2 m,则光缆上 20~28.2 m 段被用作传感器。光缆"2"用装夹在固定桩上的光缆夹夹紧(见图 7-45),埋设于丁坝距左端 0.5 m 处,长度为 1 m。其用于做传感器光纤段距光信号输出端距离为 16 m,由于两个光纤夹之间光缆长度为 1 m,则光缆上 16~17 m 段被用作传感器。

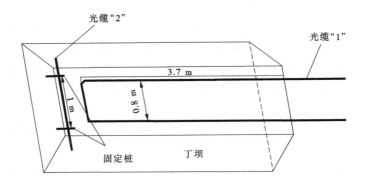

图 7-44　传感光缆的埋设示意图

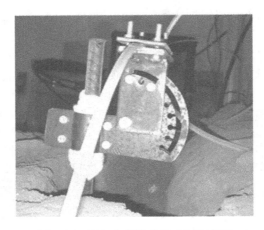

图 7-45　固定光缆的光缆夹工作实图

3.加载试验

当试验丁坝修建完成并敷设好光缆后,对丁坝模型进行加载试验。试验步骤及具体操作如下:

(1)将已标记的两根光缆的信号输入端接头连接到 DiTeSt – STA202 光纤传感分析仪的 To sensor 端,另一端则接入 From sensor 端。

(2)定义数据库。试验前,在仪器自带软件的 Measurement 界面定义好测试所得数据的保存路径和文件名。

(3)定义传感器。光缆"1"的传感器起始点定义为 20 m,终止点定义为 30 m,分辨率为 0.5 m;光缆"2"的传感器起始点定义为 10 m,终止点定义为 30 m,分辨率为 0.5 m。

(4)调试好监测系统后,扫描并记录光缆"1"与光缆"2"在丁坝未加载时的应力初始状态。

(5)在丁坝模型的上半部分进行单边加载,每增加一定荷载,测试一组并记录一组试验数据,直至坍塌,图 7-46 为试验丁坝加载图。

图 7-46　试验丁坝加载

4. 试验结果与分析

丁坝模型稳定两周以上后,采用 BOTDR 技术对 1 号、2 号光缆进行了初始光纤应变监测,试验设置 1 号光缆 20~28.2 m 段为光纤传感器段,2 号光缆 16~17 m 段为光纤传感器段。初始应变监测结果如图 7-47、图 7-48 所示,12 月 11 日和 15 日的监测数据表明丁坝模型土体已基本趋于稳定。

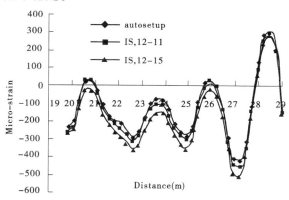

图 7-47　1 号光缆初始应变监测结果

12 月 19 日,丁坝模型土体趋于稳定以后,在丁坝模型中心顶部挖槽,槽尺寸为 2 m × 0.5 m × 0.5 m,然后在槽中放水,监测渗流作用对丁坝形变的影响,如图 7-49、图 7-50 所示。由于水的渗透压力作用,丁坝模型边坡土体将发生形变,试验结果显示,光纤沿丁坝模型长度方向的(1 号光缆 20~23.7 m 和 24.5~28.2 m 位置)应变变化量明显大于沿宽度方向的(1 号光缆 23.7~24.5 m 位置)应变变化量,表明丁坝模型沿长度方向两侧边坡土体受渗透水压的影响较大。

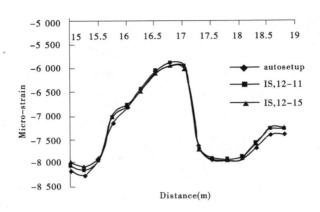

图 7-48　2 号光缆初始应变监测结果

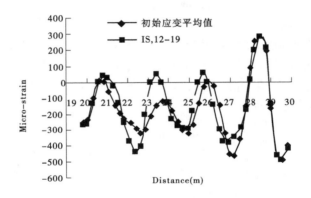

图 7-49　1 号光缆挖槽放水后应变监测结果

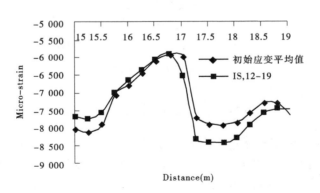

图 7-50　2 号光缆挖槽放水后应变监测结果

　　12 月 22 日至 24 日,沿丁坝模型长度方向(1 号光缆 20～23.7 m 位置)开始进行单边加载,共加载三次(分天加载),监测堤顶加载作用对丁坝形变的影响,如图 7-51、图 7-52所示。22 日、23 日的两次加载过程,1 号光缆 20～23.7 m、24.5～28.2 m 位置和 2 号光缆16～17 m 位置的应变量均存在明显增大趋势,表明光纤受力变形与丁坝体的形变基本保持一致。24 日进行第三次加载后,发现 1 号光缆 20~23.7 m 位置侧的边坡出现裂缝,此时 1 号光缆 20~23.7 m 位置和 2 号光缆 16~17 m 位置处的应变量约恢复至加载前的水平,说明边坡出现裂缝后,光缆的受力变形与丁坝体的形变已不再保持一致。

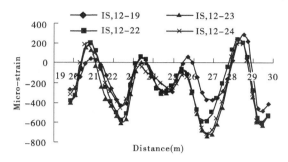

图 7-51　1 号光缆挖槽放水加载后应变监测结果

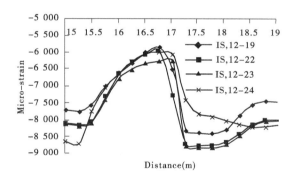

图 7-52　2 号光缆挖槽放水加载后应变监测结果

第8章　光纤布设保护装置

在实际工程中,实时准确感测原始应变信息是分布式光纤传感技术在工程使用中有效性得到保障的关键,而合理的光纤传感器现场布设方案是架设分布式光纤传感技术和工程物理量(形变、滑移)之间的桥梁。对于直接埋设的光纤传感器,可以根据具体的监测对象采用多种形式敷设。如对丁坝进行隐患监测,考虑到可能同时发生渗漏和形变破坏,为此可以将光纤进行空间敷设,如第7章图7-29所示。传感光纤分为水平和竖直两个方向进行敷设,水平敷设的光纤可监测根石的走失,竖直敷设的光纤埋设在丁坝内部,可监测堤身形变和因渗漏发生所引起的温度变化。在光纤现场布设过程中,要根据设计方案准确地敷设,同时要特别注意可能导致光纤(光纤)曲率半径改变的位置,确保分布式光纤能够正常工作。因此,为了准确地布设光纤传感器和保证光纤的曲率半径,设计了光纤曲率调整装置,方便了现场的布设工作。

8.1　光纤曲率调整架的结构设计

根据"S"型传感光纤的布设方案和布设方法,结合要保证光纤传感器曲率半径的技术要求,设计了一个结构简单实用装置——光纤曲率调整架,如图8-1所示。该装置既能固定光纤,灵活调整垂直方向的位置,便于传感光纤的敷设;又能保证光纤的曲率,确保光纤正常工作。

光纤曲率调整架的整个结构主要由角钢组成,用螺栓固定。角钢做支架的优点是简单实用,价格便宜;安装、拆卸方便;可以灵活调整形状;更换方便,如果其中一条角钢坏了,可以拆卸下来更换一条。光纤曲率调整架的下部分设计成框型,起固定支撑作用。因为用的是角钢,所以架子的外型和框架的大小可以根据实际要求调整,适应性很强。光纤曲率调整架还可以根据高度的要求,装上角钢,用螺栓固定,达到延伸效果,如图8-2所示的延伸部分。

图8-1　光纤曲率调整架

曲率调整部分由一个曲率保持槽和两个喉箍组成,如图8-3所示。曲率保持槽的直径是根据光纤的最大直径而定的,槽的曲率由光纤的出厂参数或者试验得出的最佳曲率而定。用于固定的喉箍可以直接买。如图8-3所示两个曲率保持槽对着安装,一个在上,一个在下。上下的位置可以根据需要调整,满足光纤布设的要求。

为了防止某一段光纤在受力变形时不影响其他位置光纤的受力情况,最终影响光纤整体的测量效果,所以要将每一段测量光纤两端的位置用线卡卡住。线卡的实物图如图8-4所示。线卡安装在两曲率保持夹的两个端口,起固定作用,如图8-5所示。当某支

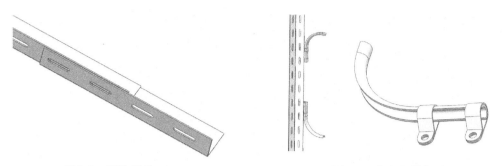

图 8-2　延伸部分　　　　　　　　　　　　　图 8-3　曲率调整部分

架间的测量光纤受力变形时,因为有了线卡,光纤只在该两线卡间发生形变,并不会影响光纤整体的测量情况。同时线卡的安装,有助于准确定位堤身变形发生的位置。

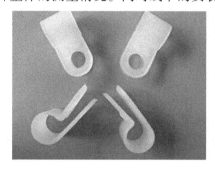

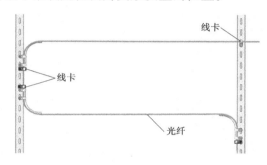

图 8-4　线卡　　　　　　　　　　　　图 8-5　线卡的装设位置

　　如图 8-6 所示的光纤曲率调整架装配简图,下端有支撑固定架,主要是为了满足新建堤防的布设(缺少辅助固定支撑)。如果是在已建好的堤防内敷设光纤,或者在倾斜平面

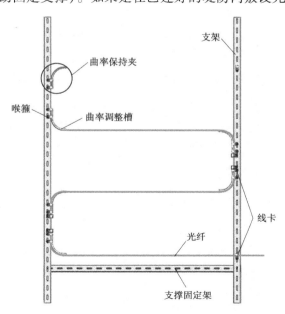

图 8-6　光纤曲率调整架装配简图

上铺设"S"型光纤,则不需要垂直固定的支撑架。可以利用角钢的灵活安装性,在架子四个角的位置装上垂直于"S"型光纤平面的角钢,可将四角位置的角钢插入土中,起固定作用。

8.2　光纤曲率调整插架的结构设计

为了使光纤曲率调整槽更加稳固,保证光纤在光线曲率调整槽中的平衡,设计如图 8-7 所示的曲率调整插架。三个角钢两两相互垂直,用螺栓做固定连接。如图 8-8 所示,下端的角钢插入土中,起定位固定的作用;上面的两个角钢用于支撑光纤曲率调整槽,光纤曲率调整槽的两端分别用喉箍固定在角钢上。这样小块的光纤曲率调整插架能灵活地插到需要弯曲的光纤位置,以保证光纤的曲率,而且节省了很多角钢材料。

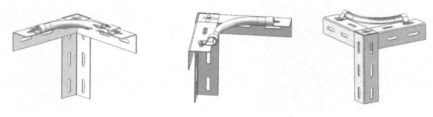

图 8-7　曲率调整插架

利用曲率调整插架的灵活性,在斜面上布设"S"型光纤,如图 8-8 所示。先设计好布设的方案,再在需要布设的位置做好定位标记,插上曲率调整插架,就能实现斜面的布设,而且可以根据需要灵活改动布设的方案,节省很多角钢材料。曲率调整插架的适应性很强,无论在堤防的哪个位置布设,只要带上几个插架,在设计好的光纤需要转弯的位置一插,就能有效地保证光纤的曲率。

图 8-8　斜面布设

第 9 章　多通道扩展器

9.1　光开关设计

9.1.1　光开关工作原理

光开关是光纤通信中光交换系统的基本元件,广泛应用于光路监控系统和光纤传感系统。光开关在光通信中的作用有三类:其一是将某一光纤通道的光信号切断或开通;其二是将某波长光信号由一光纤通道转换到另一光纤通道去;其三是在同一光纤通道中将一种波长的光信号转换为另一种波长的光信号(波长转换器)。依据工作原理不同,光开关可分为机械光开关、磁光开关、热光开关、电光开关和声光开关。本设计采用的是电光开关,现对其性能做如下详细介绍。

电光开关的原理一般是利用铁电体、化合物半导体、有机聚合物等材料的电光效应(Pockels 效应)或电吸收效应(Franz-Keldysh 效应)及硅材料的等离子体色散效应,在电场的作用下改变材料的折射率和光的相位,再利用光的干涉或者偏振等方法使光强突变或光路转变。表 9-1 是这两种电光材料的优质光开关器件的指标。

表 9-1　两种电光开关的指标

材料	插损(dB)	消光比(dB)	偏振灵敏度(dB)	开启时间(ns)
InP/InGaAsP	5	15	0.5	0.2
有机聚合物	1	>20	0.5	0.1

电光开关一般利用 Pockels 效应,也就是折射率 n 随光场 E 变化的电光效应。折射率的变化 Δn 与光场的变化 ΔE 的关系为

$$\Delta n = -\frac{n^3}{2}\gamma\Delta E \tag{9-1}$$

而光波传播距离 L 相应的相位变化为

$$\Delta\varphi = \frac{2\pi}{\lambda_0}\Delta n L \tag{9-2}$$

9.1.1.1　定向耦合器电光开关

定向耦合器电光开关是由电光材料(如 LiNbO₃、化合物半导体、有机聚合物)的衬底上制作一对条形波导及一对电极构成的,如图 9-1 所示。当不加电压时,也就是一个具有两条波导和四个端口的定向耦合器。一般称①－③和②－④为直通臂;①－④和②－③为交叉臂。

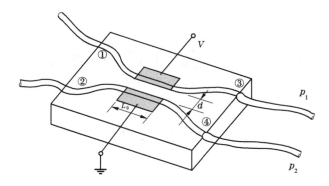

图 9-1　定向耦合器型电光开关

假设两波导的耦合较弱,各自保持独立存在时的场分布和传输系数,耦合的影响只表现在场的振幅随耦合长度的变化。设两波导中的复数振幅分别为 $\varepsilon_1(z)$ 和 $\varepsilon_2(z)$,相位常数为 β_1 和 β_2,其变化规律可用以下一阶微分方程组表示:

$$\frac{\mathrm{d}\varepsilon_1(z)}{\mathrm{d}z} = -ik_{12}\mathrm{e}^{i\Delta\beta z}\varepsilon_2(z) \tag{9-3}$$

$$p = \varepsilon^2$$

$$\frac{\mathrm{d}\varepsilon_2(z)}{\mathrm{d}z} = -ik_{21}\mathrm{e}^{-i\Delta\beta z}\varepsilon_1(z) \tag{9-4}$$

式中:$\Delta\beta = \beta_1 - \beta_2$ 为相位失配常数;k_{12}、k_{21} 为两波导的耦合常数,取决于波导的材料与结构,也与波长 λ 有关。

两波导完全对称,未加电压时,$k_{12} = k_{21} = k$;$\beta_1 = \beta_2$,$\Delta\beta = 0$,耦合方程简化为

$$\frac{\mathrm{d}\varepsilon_1(z)}{\mathrm{d}z} = -ik\varepsilon_2(z) \tag{9-5}$$

$$\frac{\mathrm{d}\varepsilon_2(z)}{\mathrm{d}z} = -ik\varepsilon_1(z) \tag{9-6}$$

联立式(9-5)和式(9-6),设在两波导输入端的波振幅各为 $\varepsilon_1(0)$ 和 $\varepsilon_2(0)$,可得

$$\varepsilon_1(z) = \varepsilon_1(0)\cos kz - i\varepsilon_2(0)\sin kz \tag{9-7}$$

$$\varepsilon_2(z) = \varepsilon_2(0)\cos kz - i\varepsilon_1(0)\sin kz \tag{9-8}$$

写成功率形式($p = \varepsilon^2$),则有

$$p_1(z) = p_1(0)\cos^2 kz + p_2(0)\sin^2 kz \tag{9-9}$$

$$p_2(z) = p_1(0)\sin^2 kz + p_2(0)\cos^2 kz \tag{9-10}$$

式中:$p_1(0)$、$p_2(0)$、$p_1(z)$、$p_2(z)$ 各为波导 1 和 2 中始端和 z 处的光功率。设光信号只从①端输入,$\varepsilon_2(0) = 0$,此时 z 处两波导的光功率分别为

$$p_1(z) = p_1(0)\cos^2 kz \tag{9-11}$$

$$p_2(z) = p_1(0)\sin^2 kz \tag{9-12}$$

图 9-2 绘出两波导中光功率随 z 的变化规律。可见能量在两波导间周期性地转换。从 $z = 0$ 到 $z = L_0$,波导 1 的光功率从最大值变为零,而波导 2 的光功率从零变为最大值,全部光功率由波导 1 耦合进入波导 2。相应的长度 $L_0 = \pi/2k$ 叫作耦合长度。一般光耦

合开关取此长度。

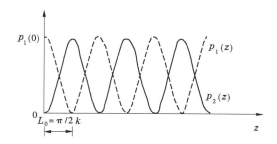

图 9-2　定向耦合器中两耦合波导光功率周期性相互转换

当加电压时,两波导相位失配,即 $\Delta\beta\neq0$,且 $k_{12}\neq k_{21}$,则对式(9-3)和式(9-4)求导后得

$$\frac{\mathrm{d}^2\varepsilon_1(z)}{\mathrm{d}z^2} - i\Delta\beta\frac{\mathrm{d}\varepsilon_1(z)}{\mathrm{d}z} + k^2\varepsilon_1(z) = 0 \qquad (9\text{-}13)$$

$$\frac{\mathrm{d}^2\varepsilon_2(z)}{\mathrm{d}z^2} + i\Delta\beta\frac{\mathrm{d}\varepsilon_2(z)}{\mathrm{d}z} + k^2\varepsilon_2(z) = 0 \qquad (9\text{-}14)$$

其中

$$k = \sqrt{k_{12}k_{21}} \qquad (9\text{-}15)$$

联立式(9-13)和式(9-14),考虑 $z = 0$ 时的 $\varepsilon_1(0)$ 和 $\varepsilon_2(0)$,并设 $\varepsilon_2(0) =0$ 得

$$\varepsilon_1(z) = \varepsilon_1(0)\mathrm{e}^{i\frac{\Delta\beta}{2}z}\left[\cos Kz - i\frac{\Delta\beta}{2K}\sin Kz\right] \qquad (9\text{-}16)$$

$$\varepsilon_2(z) = \varepsilon_1(0)\mathrm{e}^{-i\frac{\Delta\beta}{2}z}\frac{k}{K}\sin Kz \qquad (9\text{-}17)$$

其中

$$K = \sqrt{\left(\frac{\Delta\beta}{2}\right)^2 + k^2} \qquad (9\text{-}18)$$

波导 1 和波导 2 在 z 处的光功率则为

$$p_1(z) = p_1(0)\left[\cos^2 Kz + \left(\frac{\Delta\beta}{2K}\right)^2\sin^2 Kz\right] \qquad (9\text{-}19)$$

$$p_2(z) = p_1(0)\left(\frac{k}{K}\right)^2\sin^2 Kz \qquad (9\text{-}20)$$

设器件长度为耦合长度 L_0,并定义③端的功率转换比为

$$\tau_3 = \frac{p_2(z)}{p_1(0)} = \left(\frac{k}{K}\right)^2\sin^2 Kz \qquad (9\text{-}21)$$

利用式(9-21),则得

$$\tau_3 = \left(\frac{\pi}{2}\right)^2\mathrm{sinc}^2\left[\frac{\pi}{2}\sqrt{1 + \left(\frac{\Delta\varphi}{\pi}\right)^2}\right] \qquad (9\text{-}22)$$

式中: $\Delta\varphi = \Delta\beta L_0$,为两波导间的相位差。由式(9-22)可见,在 $\Delta\varphi = 0$ 处, $\tau_3 = 1$ 最大;在 $\Delta\varphi = \sqrt{3}\pi$ 处, $\tau_3 = 0$ 最小。

现在求功率转换比与控制电压的关系。设两波导的电极间距皆为 d ,其上加电压分别为 V 和 $-V$,它们所产生的电场分别为 $E_1 = V/d$ 和 $E_2 = -V/d$ 。引起两波导折射率的差为

$$\Delta n = \Delta n_2 - \Delta n_1 = \frac{1}{2}n^3\gamma(E_1 - E_2) = n^3\gamma\frac{V}{d} \tag{9-23}$$

相应的相位差为

$$\Delta\varphi = \frac{2\pi}{\lambda_0}\Delta nL_0 = \frac{2\pi n^3\gamma L_0}{\lambda_0 d}V = \sqrt{3}\,\pi\frac{V}{V_0} \tag{9-24}$$

其中

$$V_0 = \frac{\sqrt{3}\,\lambda_0 d}{2n^3\gamma L_0} \tag{9-25}$$

为完成功率从③端转变到④端,需要 $\Delta\varphi = \sqrt{3}\,\pi$ 所对应的电压(开关电压)。

由式(9-23)和式(9-24)得, $\tau_3 - V$ 的关系为

$$\tau(V) = \left(\frac{\pi}{2}\right)^2 \mathrm{sinc}^2\left[\frac{\pi}{2}\sqrt{1 + 3\left(\frac{V}{V_0}\right)^2}\right] \tag{9-26}$$

画出 $\tau_3 - V$ 曲线,如图9-3所示。

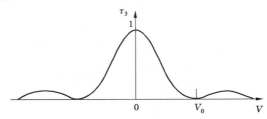

图9-3　电光定向耦合器的 $\tau_3 - V$ 曲线

电压 V 从0变到 V_0 , τ_3 从1变到0,即完成开关动作。典型的开关电压为 10 V。

9.1.1.2　M – Z 干涉仪电光开关

波导型 Mach-Zehnder 干涉仪是一种广泛应用的光开关。它由两个3 dB耦合器 DC_1 、 DC_2 和两个臂 L_1 、 L_2 组成,如图9-4所示。

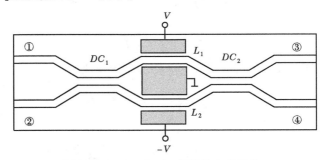

图9-4　Mach-Zehnder 干涉仪电光开关

由端口①输入的光波,被第一个定向耦合器按1:1的光强比例分成两束,通过干涉仪两臂进行相位调制。在两光波导臂的电极上分别加上电压 V 和 $-V$,各产生相应电场 E_1

和 E_2。因此,以上波导臂所产生的折射率变化为

$$\Delta n = \frac{1}{2}n^3\gamma(E_1 - E_2) = n^3\gamma\frac{V}{d} \tag{9-27}$$

对于对称的 Mach-Zehnder 干涉仪,$L_1 = L_2 = L$,两臂的相位差为

$$\Delta\varphi = \frac{2\pi}{\lambda_0}\Delta nL = \frac{\pi n^3\gamma L}{\lambda_0 d}V \tag{9-28}$$

式中:$\Delta n = n_2 - n_1$,令 $\Delta\varphi = \pi$ 时所对应的电压为半波电压:

$$\Delta V_\pi = \frac{\lambda_0}{n_0^3\gamma}\frac{d}{L} \tag{9-29}$$

则式(9-28)变为

$$\Delta\varphi = \pi\frac{V}{V_\pi} \tag{9-30}$$

如图 9-4 所示,设从①端输入信号的电场强度为 ε_1,从③、④端输出信号的电场强度为 ε_3、ε_4,考虑 $KZ = 45°$,利用定向耦合器和光纤段的传输方程,可导出 ε_3、ε_4 与 ε_1 的关系为

$$\varepsilon_3 = \frac{1}{2}[e^{-i\Delta\varphi_1} + e^{-i\Delta\varphi_2}]\varepsilon_1 \tag{9-31}$$

$$\varepsilon_4 = -i\frac{1}{2}[e^{-i\Delta\varphi_1} + e^{-i\Delta\varphi_2}]\varepsilon_1 \tag{9-32}$$

由于①端输入功率为 $p_1 = \varepsilon_1 \cdot \varepsilon_1$,③、④端输出功率分别为 $p_3 = \varepsilon_3 \cdot \varepsilon_3$、$p_4 = \varepsilon_4 \cdot \varepsilon_4$,利用三角公式,可由式(9-31)和式(9-32)算出③、④输出端的输出功率为

$$p_3 = \sin^2\frac{\Delta\varphi}{2}p_1 \tag{9-33}$$

$$p_4 = \cos^2\frac{\Delta\varphi}{2}p_1 \tag{9-34}$$

而直通臂和交叉臂的功率转换比为

$$\tau_3(V) = \frac{p_3}{p_1} = \sin^2\left(\frac{\pi}{2}\frac{V}{V_\pi}\right) \tag{9-35}$$

$$\tau_4(V) = \frac{p_4}{p_1} = \cos^2\left(\frac{\pi}{2}\frac{V}{V_\pi}\right) \tag{9-36}$$

当未加电压,$V = 0$ 时,$\tau_3 = 0$,$\tau_4 = 1$;当加上半波电压,$V = V_\pi$ 时,$\tau_3 = 1$,$\tau_4 = 0$,从而实现了开关。对于这类电光开关,半波电压越小所需开关能量越小。

9.1.1.3　偏振调制波导电光开关

偏振调制波导电光开关由电光相位调制器、起偏器 P 和检偏器 Q 组成,如图 9-5 所示。起偏器和检偏器正交,相位调制晶体的光轴与两偏振器的偏振方向成 45°。

各向同性的非偏振光经过起偏器后变为振动方向与波导光轴成 45°的线偏振光。将在波导中同时激起偏振方向正交的 TE 波和 TM 波。波导介质对两者的折射率不同,各为 n_1、n_2;电光系数不同,各为 γ_1、γ_2。于是在外加电场的作用下,光传输 L 长后,两个偏振正交波的相位差为

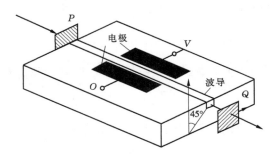

图 9-5　偏振强度调制型波导电光开关

$$\Delta\varphi = \Delta\varphi(0) - \frac{\pi}{\lambda_0}(\gamma_2 n_2^3 - \gamma_1 n_1^3)LE \qquad (9\text{-}37)$$

该电场是由于相距为 d 的两电极上的电压所产生的,有 $E = V/d$。定义半波电压 V_π 和初始相位移 $\varphi(0)$ 分别为

$$V_\pi = \frac{d}{L}\left(\frac{\lambda_0}{\gamma_1 n_1^3 - \gamma_2 n_2^3}\right) \qquad (9\text{-}38)$$

$$\varphi(0) = \frac{2\pi}{\lambda_0}(n_1 - n_2)L = -\frac{2\pi}{\lambda_0}\Delta nL = -\pi\frac{V_0}{V_\pi} \qquad (9\text{-}39)$$

其中 V_0 为偏置电压:

$$V_0 = \frac{2\Delta nd}{\gamma_2 n_2^3 - \gamma_1 n_1^3} \qquad (9\text{-}40)$$

则式(9-40)可写成:

$$\Delta\varphi = \pi\frac{V - V_0}{V_\pi} \qquad (9\text{-}41)$$

以下求出光功率与电压的关系,自然光经过 P 后所产生的平面偏振光为

$$E_P = E\sin\omega t \qquad (9\text{-}42)$$

设光的传播方向平行于 Z 轴;起偏器 P 和检偏器 Q 的光轴方向与 Y 轴的夹角分别为 α 和 $-\beta$,且 $\alpha = |\beta| = \pi/4$,如图 9-6 所示。

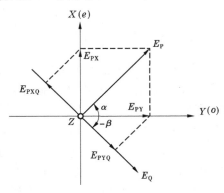

图 9-6　光通过电光偏振光强度调制器的偏振方向变化示意图

外电场使晶体的光轴方向平行于 X 轴。光通过晶体时产生双折射：o 光的振动方向垂直于主截面（光轴与光线所构成的平面），即垂直 xz 面；e 光的振动方向在主截面内，即 xz 面内。由于 o 光和 e 光在介质中的折射率不同，所以传播速度不同，通过一定厚度 L 的介质到达输出端时，有一定的相位差 $\Delta\varphi$。因此，o 光和 e 光在介质输出端的表达式分别为

$$E_{PX} = E\sin(\omega t)\sin\alpha \tag{9-43}$$

$$E_{PY} = E\sin(\omega t + \Delta\varphi)\cos\alpha \tag{9-44}$$

当 o 光、e 光到达 Q 时，只有平行于 Q 光轴的分量能通过，垂直分量则被阻挡。所以，通过 Q 的光为

$$E_{PXQ} = -E_{PX}\sin\beta \tag{9-45}$$

$$E_{PYQ} = E_{PY}\cos\beta \tag{9-46}$$

因此，

$$E_Q = E_{PXQ} + E_{PYQ} = E[\sin(\omega t + \Delta\varphi)\cos\alpha\cos\beta - \sin(\omega t)\sin\alpha\sin\beta] \tag{9-47}$$

而 $\alpha = \beta = \pi/4$，因 $\sin\alpha = \sin\beta = \cos\alpha = \cos\beta = \dfrac{\sqrt{2}}{2}$，此时输出最强，式（9-47）变为：

$$E_Q = \frac{1}{2}E[\sin(\omega t + \Delta\varphi) - \sin\omega t] = E\sin\frac{\Delta\varphi}{2}\cos\left(\omega t + \frac{\Delta\varphi}{2}\right) \tag{9-48}$$

式中：$E\sin\Delta\varphi/2$ 为通过检偏器 Q 的光的振幅。由于输出光功率等于光振幅的平方，则有

$$P_o = E^2\sin^2\left(\frac{\Delta\varphi}{2}\right) = P_i\sin^2\left(\frac{\Delta\varphi}{2}\right) \tag{9-49}$$

这里 $P_i = E^2$ 为输入光功率。

据式（9-49）和（9-41），该开关器件的功率转变比为

$$\tau = \frac{P_o}{P_i} = \sin^2\left(\frac{\pi}{2}\frac{V - V_0}{V_\pi}\right) \tag{9-50}$$

相位调制器的 $\tau - V$ 曲线如图 9-7 所示。改变电压 V，使 $V - V_0$ 从 0 至 V_π 变化，则 τ 从 0 至 1 变化。从而实现开关启闭动作。

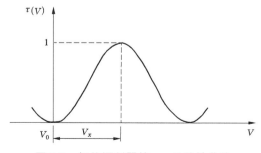

图 9-7　相位调制器的 $\tau - V$ 特性曲线

9.1.2　光开关外围电路设计

设计电路中的光开关驱动芯片如图 9-8 所示。

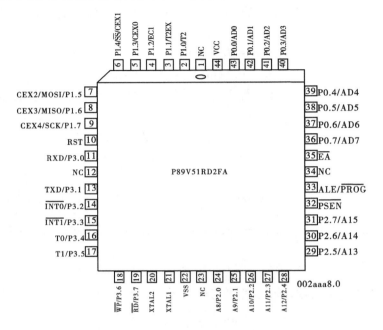

图 9-8　光开关驱动芯片

信号转换芯片如图 9-9 所示。

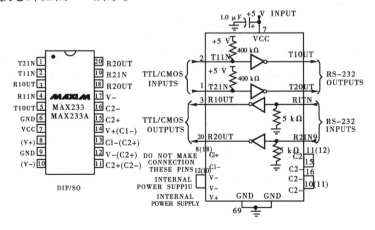

图 9-9　信号转换芯片 max233A

串口引脚如图 9-10 所示。

需要注意的是,RS232 串口分为公头和母头,两者的串口定义除其母头 2 为 TXD,3 为 RXD 外,其余相同。

9 芯 RS232 接口			
引脚号	缩写符	信号方向	说明
1	DCD	输入	载波检测
2	RXD	输入	接收数据
3	TXD	输出	发送数据
4	DTR	输出	数据终端准备好
5	GND	公共端	信号地
6	DSR	输入	数据装置准备好
7	RTS	输出	请示发送
8	CTS	输入	清楚发送
9	RI	输入	振铃指示

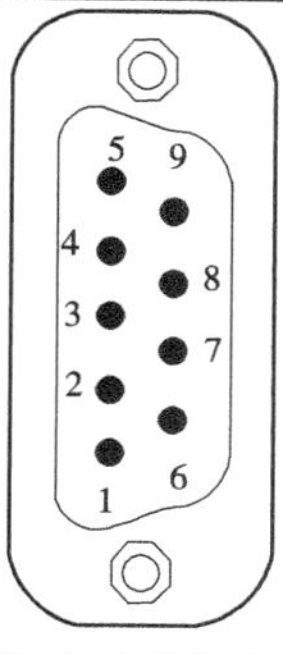

图 9-10　串口引脚

STC89C52 单片机引脚如图 9-11 所示。

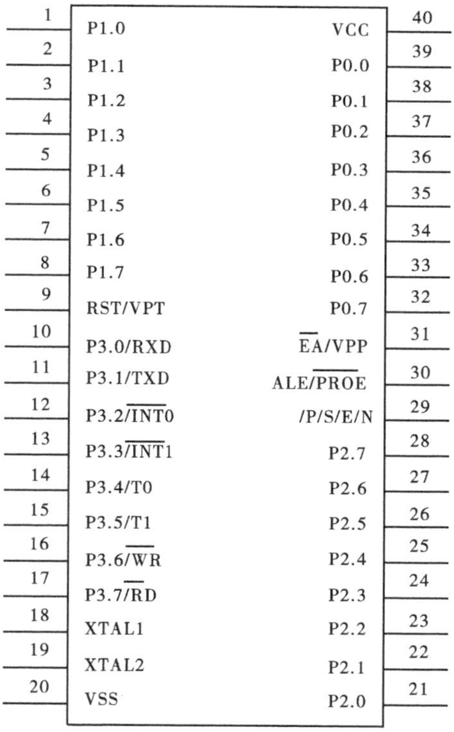

1	P1.0	VCC	40
2	P1.1	P0.0	39
3	P1.2	P0.1	38
4	P1.3	P0.2	37
5	P1.4	P0.3	36
6	P1.5	P0.4	35
7	P1.6	P0.5	34
8	P1.7	P0.6	33
9	RST/VPT	P0.7	32
10	P3.0/RXD	$\overline{EA}$/VPP	31
11	P3.1/TXD	ALE/$\overline{PROE}$	30
12	P3.2/$\overline{INT0}$	/P/S/E/N	29
13	P3.3/$\overline{INT1}$	P2.7	28
14	P3.4/T0	P2.6	27
15	P3.5/T1	P2.5	26
16	P3.6/$\overline{WR}$	P2.4	25
17	P3.7/$\overline{RD}$	P2.3	24
18	XTAL1	P2.2	23
19	XTAL2	P2.1	22
20	VSS	P2.0	21

图 9-11　STC89C52 单片机引脚

　　本光纤多通道扩展器采用的是电光效应光开关,是通过可编程芯片 P89V51RD2 对光开关的控制来实现多通道扩展的。51 单片机 P89V51RD2 的 P1 引脚与光开关相连接,写入单片机的程序通过控制 P1 引脚的变化就可以改变输出光通道的选择。原系统的单光道不足以满足实际应用的需求,因此需要将一个通道扩展到 8 个甚至更多。为了使控制过程可控直观,在现有光开关模块不能改动的现实基础上,设计了一个简单的单片机最小系统,从而实现需要的功能。单片机最小系统电路如图 9-12 所示。

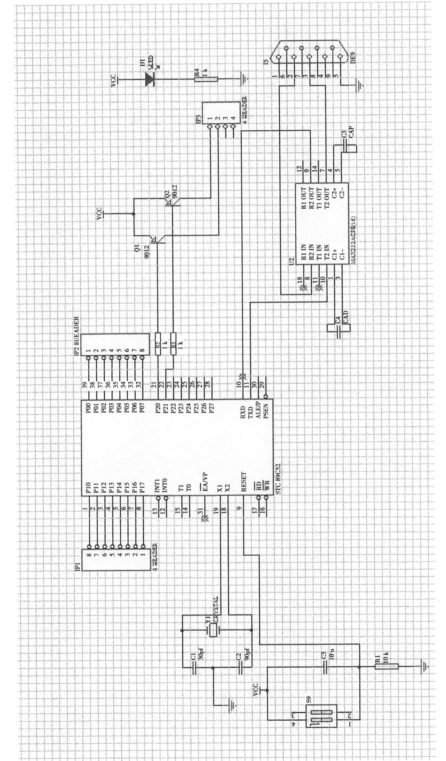

图 9-12 单片机最小系统电路

9.2　光纤多通道扩展器结构设计

9.2.1　仪器内部设计

光纤多通道扩展器选用全铝合金箱子,外型尺寸 145 mm × 347 mm × 300 mm(高 × 宽 × 深);带有两个提手;全密封,没有透气孔;铝合金表面喷塑,如图 9-13 所示。

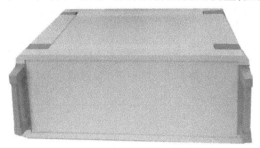

图 9-13　箱子外型

光纤多通道扩展器用的是 1 × 8 的 MEMS 式光开关,微反射型 MEMS 式光开关通过偏转微反射镜来改变入射光束的方向,从而实现光开关转换光通道的目的。1 × 8 的 MEMS 式光开关表示有 1 个 Input 通道、8 个 Output 通道的光开关,如图 9-14 所示。

MEMS 式光开关自配有驱动单片机,利用单片机控制光开关转换通道,如图 9-15 所示。

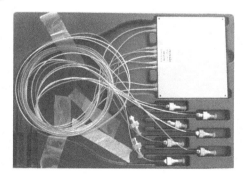

图 9-14　MEMS 式光开关

图 9-15　驱动单片机

要实现光开关通道的转换,需要用电脑控制或者用单片机程序。如果不用电脑控制,用按钮控制则需要两个单片机进行通信。另一个单片机需要连接按钮和数码管,数码管用于显示接通通道,如图 9-16 为两个单片机通信。

9.2.2　仪器面板设计

前、后面板采用数控加工,并贴上专门的 PVC 面板膜,如图 9-17 所示。

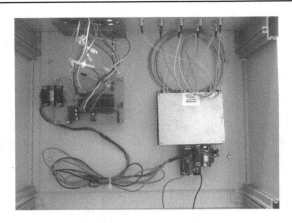

图 9-16　两个单片机通信

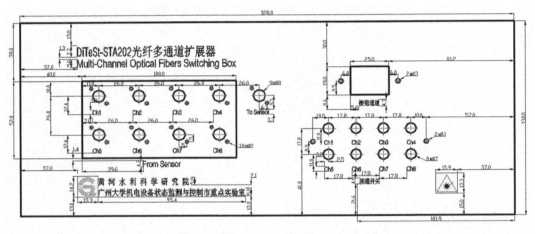

(a) 前面板

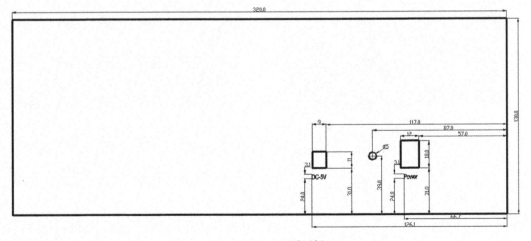

(b) 后面板

图 9-17　仪器的前、后面板

9.3　光纤多通道扩展器软件部分

9.3.1　控制电路程序

为实现要求的功能,将利用 keil uvision4 软件以 C 语言编写的程序烧写到单片机里面以后,单片机系统便可按照要求正常运行。单片机系统通上电源以后,数码管其中一位就会显示为 1;而此时光开关未收到单片机最小系统发出的任何信号,显示初值也即光通道 1 打开。若按下按键 key1~key8 中的任意一位,数码管就会显示按键响应的数字,并且将该数字发送给光开关,使得光开关 P1 引脚的值发生变化,从而选通与按键编号相对应的通道。光开关同一时间只能选通 8 个通道中的 1 个,因此除了被选通的那条通道,其余 7 个通道都会处于闭合的状态。

9.3.2　光开关模块程序

光开关模块程序实现的功能是:当模块收到控制模块发送来的信号时,单片机就会驱动光开关开通相应的那条通道,其余 7 条通道都会处于闭合状态。程序见本书附录。

9.4　光纤多通道扩展器使用说明

9.4.1　扩展器操作说明

试验前应仔细阅读试验原理说明及仪器使用注意事项,充分理解光开关的工作原理。

使用前接上入射通道和需要扩展通道的光纤跳线接头,光纤跳线接头接在法兰接头上,连接时摘下盖子,不需要连接的通道用盖子盖上,避免不可见光伤害眼睛,盖子也起保持法兰清洁的作用。光纤跳线接头安装时,要对准插入并轻轻旋紧,谨防磨损光学表面。每次试验前用酒精棒轻轻擦拭表面,减少光损耗。入射通道接头的另一端连接光源,扩展通道的另一端连接需要测试的光纤。先检查各光纤接头是否正确连接,再接上 220 V 电源线。

做好前期准备后,使用时打开光源,引入入射光;按下箱体后面板上的电源开关,观察电源指示灯和前面板上的数码管,若两者中有一个不亮则需检查电源或者进行维修,直到电源指示灯和数码管都亮时才可以进行下一步,即光路的选择。按下所要连接通道对应的按键,则相应的通道光路就开始通光。如按下“Ch1”通道的按键,相应的“Ch1”通道光路接通,此时数码管显示接通的通道“1”;如果需要通道“Ch2”,按一下“Ch2”按键即可。

测试完毕后,先关闭电源开关,电源指示灯和数码管熄灭,再关闭光源,拔下电源线。如果光纤的扩展通道需留作下次使用,则不需拆下接头,保持插在原位,尽量减少插拔次数。需要拔下接头的通道口,用盖子盖上,保持接口的清洁。

9.4.2 试验仪器使用注意事项与保养

(1)光纤跳线不要强拉强拽,不要使光纤弯曲半径过小。

(2)光纤跳线接头安装时,要对准插入轻轻旋紧,谨防磨损光学表面,每次试验前用酒精棒轻轻擦拭表面,减少光损耗。

(3)光纤跳线尽量保持在初始的插入位置,不要频繁插拔。

(4)光纤跳线接头接在法兰接头上,连接时摘下盖子,不需要连接的通道用盖子盖上,避免不可见光伤害眼睛,盖子也起保持法兰清洁的作用。

(5)试验结束后,断开电源,避免精密仪器过热降低使用寿命。

(6)为了保证仪器的稳定性,禁止在试验仪器面板上放置重物或者敲击。

(7)在使用的过程中要严格按照试验步骤和要求来进行操作,注意防震。

(8)防高温、防潮,以免损坏内部电路。

(9)不得随意拆卸试验仪器。

第 10 章　堤防隐患监测与预警系统

10.1　系统研发背景

DiTeSt 分析仪的系统软件能够采集并处理数据,但在实际的工程应用中,分析仪得到的数据曲线仅适用于专业人士,很难用于堤防的日常维护;同时系统软件不能够对数据做深入的处理,难以实现对监测数据时间上的预测,更不能够实现对测试点或测试段的分级预警。因此,需要在对基于光纤传感的堤防渗漏与形变的监测原理进行分析,开发出一套基于 DiTeSt – STA202 分析仪的行之有效的堤防监测软件后续处理系统,有利于对监测数据进行处理,标记风险段,计算风险变化趋势,并自动分级预警,为进一步制定合理的维护措施提供支持。从而实现堤防安全监测自动化,可以合理地进行资料整理分析,以满足工程运行需要,及时发现堤防隐患,进行抢修和险情排除,有利于堤防工程充分发挥其经济效益和社会效益。

本项目开发的堤防隐患监测与预警软件系统集监测、分析和数据处理于一体。隐患监测与预警系统由建立数据系统和初级处理系统两大单元块组成,可以实现数据分类存储管理,数据深入处理分析。人机界面友好、操作使用方便。该系统能实现分布式测量数据的数据库管理;堤防隐患监测数据的查询,图像显示;监测数据的趋势预测和分析;监测数据的分级预警。这些功能的实现提高了我国堤防安全监测和管理水平,在堤防隐患监测上有极高的实用价值和广阔的工程应用前景。

10.2　堤防隐患监测与预警系统开发方案研究

10.2.1　软件开发工具

Delphi 是 Borland 公司推出的一种可视化的、面向对象的应用程序开发工具。有高速的编译器,强大的数据库支持,且能与 Windows 编程紧密结合,集成了开发环境,提供了一套用于设计、编写、测试、调试和发布应用程序的工具软件。本书选择 Delphi7.0 作为软件开发工具,使用 Access 和 txt(文本文件)格式和类型来存储测量数据。借助于 ADO 技术,实现数据库的连接进行数据的查询显示。以模块化的设计思路,对软件的各部分功能做具体模块化设计,并进行功能模块的调试和测试。

Delphi 提供了各种开发工具,包括集成环境、图像编辑,以及各种开发数据库的应用程序。其中,Delphi 在数据库方面的特长显得尤为突出,能适应于多种数据库结构,从客户机到服务机模式到多层数据结构模式。作为高效率的数据库管理系统和新一代更先进的数据库引擎,Delphi 具备最新的数据分析手段,并提供大量的组件来应用。

　　Delphi 具有丰富的控件、组件、模板，功能强大，能够开发出很好的界面。其基础语言是 Pascal，该语言结构严谨，代码结构清晰、可读性好、执行效率高。本书采用 Delphi 丰富的控件，具有良好的人机界面，在窗体上进行合理布局，画出流程图和功能图，模块化地实现各功能块，完成系统开发。

10.2.2　算法分析及数据处理研究

10.2.2.1　算法分析

　　(1) 系统采用移动平均算法来做趋势预测，也就是根据历史或当前的测量数据，来预测未来一定时间段内堤防的运行状况。移动平均算法常用来消除数据的波动变化，从而使得测试数据变得平滑。移动平均算法根据设定的移动跨期进行移动平均。移动平均算法可以减少测试数据因为测试中的偶然性因素而产生的随机波动影响，通常用于短期预测中。

　　移动平均算法是相继移动计算若干时期的算术平均数作为下期预测值。设 y_1，y_2，$\cdots$，y_t 为一时间序列，则：

$$y_t^{(1)} = \frac{y_t + y_{t-1} + \cdots + y_{t-n+1}}{n} = \frac{1}{n}\sum_{j=0}^{n-1} y_{t-j} \tag{10-1}$$

预测公式为

$$\hat{Y}_{t+1} = y_t^{(1)} \tag{10-2}$$

式中：y_t 为 t 期观察值；$y_t^{(1)}$ 为 t 期的一次移动平均值；$\hat{Y}_{t+1}$ 为 $t+1$ 期的预测值；$n+1$ 为移动期数。

　　(2) 软件预警按三级标准设计，即"正常状态""预警状态""险情状态"三个级别，将"正常状态"与"预警状态"的临界值定义为预警值，"预警状态"与"险情状态"的临界值定义为警戒值。通过现场长期监测得到各测点的测值，计算各测点测值的均值和方差，即
　　　均值

$$E(X) = \frac{1}{n}\sum_{i=1}^{n}(x_1 + x_2 + \cdots + x_n) = \mu = \bar{x} \tag{10-3}$$

　　　方差

$$D(X) = E(X - E(X))^2 = \frac{1}{n}\left[(x_1 - \bar{x})^2 + (x_2 - \bar{x})^2 + \cdots + (x_n - \bar{x})^2\right] = \sigma^2 \tag{10-4}$$

　　系统选取 $\bar{x} + 3\sigma$ 作为预警值，$\bar{x} + 5\sigma$ 作为警戒值，当测值超过预警值或警戒值时，系统均会报警，此时应查找数据异常的原因并及时采取措施。

10.2.2.2　数据处理

　　软件对测量的数据按照堤段名称进行分类，以文本文件(txt)格式来管理。对测量的历史数据进行数据采集、数据查询、趋势预测、分级预警等处理。

　　数据采集：调用 DiTeSt – STA202 分析仪进行测试，然后将测试的数据保存到建立好堤段名的文件中。

数据查询:查看历史的测量数据,显示曲线值,可查询坐标,便于直观分析。

趋势预测:查看历史的测量数据,选择一定的测量数据,采用时间序列算法,做一段时间的预测,显示预测曲线,可查询预测值,保存结果,以便后续分析。

分级预警:查看历史的测量数据,选择一定的测量数据,采用合适的算法,对堤防的工作状况做出分级别的预警,便于对堤防的工作状况采取相应的处理方法。

10.3　堤防隐患监测与预警系统结构及方案设计

10.3.1　软件设计总方案

本软件分为三个文件库:主程序库、程序库、总数据库。

主程序库:建立数据系统;程序库:数据处理系统;总数据库:存储测量的数据。

软件的基本功能如图 10-1 所示。

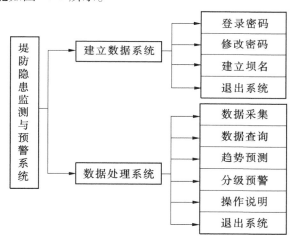

图 10-1　软件的基本功能

软件的基本功能图是对软件总的功能块的详细说明,将各功能进行模块化,便于后面的软件开发及编写程序代码。

软件系统的各个功能部分完成各自不同的任务,同时在参数和数据上又有着密切的联系,将这些功能组织起来,在一个统一的环境下,以综合、一致和整体连贯的方式进行工作,无疑给操作使用者带来极大的方便,也便于用户熟悉和掌握。

10.3.2　软件开发技术方案

首先提出总的可行性开发设计方案,分为建立数据系统和数据处理系统两大块。软件系统中各功能层次分明、便于理解和掌握,又能充分体现各功能模块之间的总体联系。同时,又便于在主控框架上增设新的功能,有利于软件系统的功能扩展。

建立数据系统主要包括:主界面、登录界面、输入密码界面和修改密码界面、建立坝名界面、显示坝名界面、确认坝名界面、退出系统界面。

　　数据处理系统主要包括:主界面、数据采集界面、数据查询界面、趋势预测界面(预测时间选择界面、预测等待界面、预测结果界面)、分级预警界面(预警等待界面、预警结果界面)、操作指南界面、退出系统界面。

　　软件基本结构如图 10-2 所示。

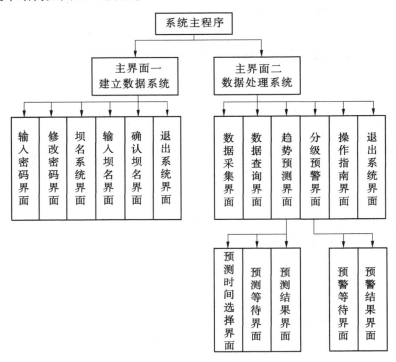

图 10-2　软件基本结构

数据系统的建立流程如图 10-3 所示。

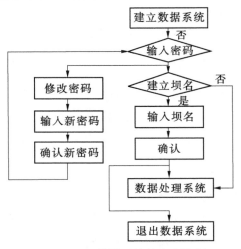

图 10-3　数据系统的建立流程

数据处理系统功能如图 10-11 所示。

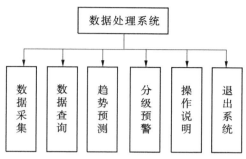

图 10-4　数据处理系统功能

10.3.3　软件功能模块设计

10.3.3.1　建立数据系统模块

建立数据系统模块的功能主要是：运行程序时，显示登录主界面；在密码登录界面输入正确的密码，其中初始密码为 0，登录后可以对密码进行修改；在建立坝名和坝名文件的主界面中，可以建立测量数据的坝名和坝名文件，用来存储测量的数据；退出系统；弹出数据处理系统模块。

软件主界面如图 10-5 所示。密码登录输入界面：运行主程序，输入正确密码实现登录，可进入软件操作系统，便于工作人员的管理，如图 10-6 所示。密码修改界面：初始密码为 0，登录后可以对密码进行修改，以防止非工作人员登录，如图 10-7 所示。图 10-8 为建立坝名主界面，可实现建立坝名，退出系统等功能。

图 10-5　登录主界面

图 10-6　密码登录输入界面

图 10-7　密码修改界面

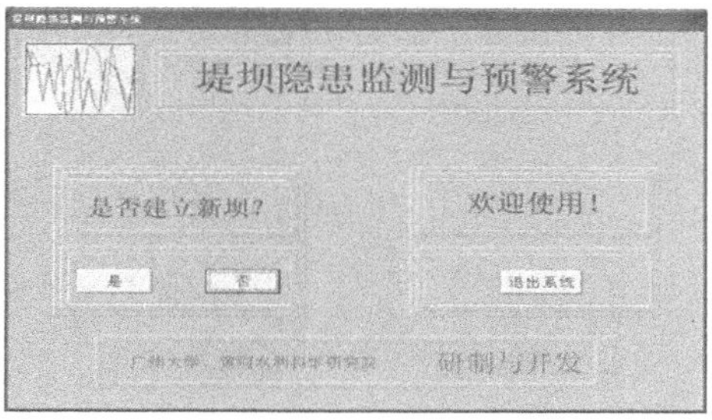

图 10-8　建立坝名主界面

图10-9为建立坝名界面,可用来建立新坝名和坝名文件。图10-10为坝名确认界面;确认建立的新坝名和坝名文件。点击"确定",则建立新坝名和新坝名的文件,用来存放测量的数据;点击"取消",则不建立新的坝名和新的坝名文件。

图 10-9　建立坝名界面　　　　　　　　　图 10-10　坝名确认界面

退出系统界面:点击"是"可退出建立数据系统模块,如图 10-11 所示。

图 10-11　退出系统界面

10.3.3.2　数据处理系统模块

数据处理系统模块的功能主要是:能够进行数据采集;对测量的历史数据能够进行查询功能,趋势预测,分级预警;同时还有对软件使用进行操作说明,退出系统功能。其系统主界面如图 10-12 所示。

图 10-12　数据处理系统主界面

数据采集界面：调用 DiTeSt – STA202 软件，进行测量，然后将测量的数据保存到建立好的坝名文件中，如图 10-13 所示。

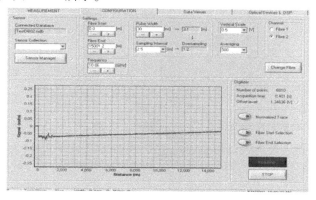

图 10-13 数据采集界面

数据查询界面：对测量的历史数据进行查询，图形显示、坐标值显示、坝名显示，如图 10-14 所示。趋势预测界面：对测量的历史数据进行查询，结合时间序列预测方法，做一定时间内的预测，界面可显示预测值曲线，并可以自动保存预测值，便于后续分析处理，如图 10-15 所示。

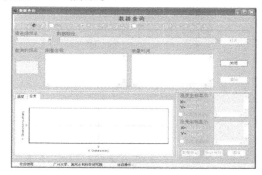

图 10-14 数据查询界面　　　　　　　图 10-15 趋势预测界面

如图 10-16 所示，在进行趋势预测时，还可以选择预测日期，系统也会给出预测计算所需等待的时间，见图 10-17，并在计算完成后，在预测结果界面中显示出预测值的曲线，如图 10-18 所示。此外，系统还具有分级预警功能，对测量的历史数据进行查询，采取合适的算法，对堤防的工作状况做出分级别预警，预测可能出现的结果，便于采取相应的处理方法和措施，如图 10-19 为系统的分级预警界面。同样，系统在进行分级预警时也会给出计算等待时间，如图 10-20 所示，计算结束后将会在图 10-21 所示的分析结果界面显示预警分析结果。

图 10-22 为系统的操作说明界面，该界面对整个软件的操作流程进行了说明，对菜单的各个功能键进行了阐述，并列出了操作的注意事项。在完成了所有操作退出系统时，会显示退出系统界面，如图 10-23 所示。

图 10-16　趋势日期选择界面

图 10-17　计算等待界面（一）

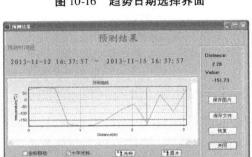

图 10-18　预测结果界面

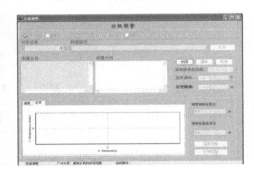

图 10-19　分级预警界面

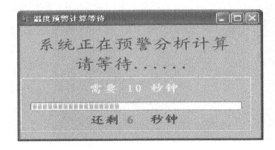

图 10-20　计算等待界面（二）

图 10-21　分析结果界面

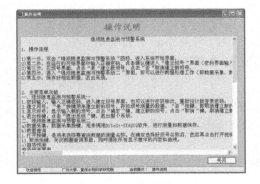

图 10-22　操作说明界面

图 10-23　退出系统界面

10.3.4 软件的设计与功能实现

本软件由数据建立软件系统和数据处理软件系统两大块组成。将两大块系统又进行功能上的细分,落实到每个具体实现的功能,设计了系统总的基本结构图和功能图。系统各功能部分虽然完成各自不同的任务,但数据上的紧密联系,将这些功能模块有机的组织起来,在一个统一的环境下,以综合、一致和整体连贯的方式进行工作,形成一个集成化的操作系统,为操作者带来使用上的便利。

该软件的开发,采用模块化程序设计技术,首先将系统按不同的功能划分为不同的模块,做出了程序流程图,再按照程序流程图进行代码编写,开发出了合理、满足要求的功能块。同时采用流行的下拉式菜单和弹出式窗口构成统一的用户操作界面。功能选择仅用少数功能键即可完成,并且一些操作选项或按键还配有中文用法提示。该软件能够对数据进行合理的管理和深入的处理分析,实现了对堤防隐患的监测和预警。

10.4 堤防隐患监测与预警系统的操作说明及注意事项

10.4.1 操作流程

(1)第一步:运行程序之后进入登录界面。在密码界面中输入正确密码,如图 10-24 所示。初始密码设定为 0,在运行的密码界面中输入正确密码,点击"确定"键进入建立坝号主界面。点击"修改密码"按键,则运行修改密码窗口,如图 10-25 所示。当输入新密码后,点击"确定"按键,重新回到登录界面。

图 10-24　登录界面　　　　　　　　图 10-25　修改密码窗口界面

(2)第二步:进入建立坝号主界面中,如图 10-26 所示,在"是否建立新坝?"的区域中,点击"是"则进入建立新坝号界面,如图 10-27 所示,然后输入新坝名,点击"确定",接着会弹出建立新坝名的显示界面,如图 10-28 所示。点击"确定"输入的新坝名,则建立坝名和坝名文件;然后弹出数据处理主界面,如图 10-30 所示。

(3)第三步:在建立坝号主界面中,如图 10-26 所示,在"是否建立新坝?"的区域中,点击"否"则进入数据处理主界面,如图 10-27 所示;点击"您确定退出系统吗"按键,则弹出确认窗口,如图 10-29 所示,点击"是"退出整个系统。

图 10-26　建立坝号主界面

图 10-27　建立新坝号界面

图 10-28　建立新坝名的显示界面

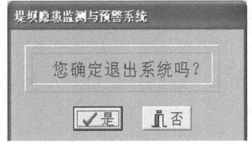

图 10-29　退出系统界面

（4）第四步：进入数据处理主界面后，如图 10-30 所示，可进行相应数据处理工作，包括数据采集、数据查询和趋势预测、分级预警等数据处理功能，并带有操作说明，如图 10-31 所示。

图 10-30　数据处理主界面

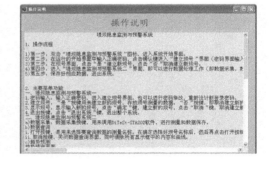

图 10-31　操作说明界面

（5）第五步：在数据处理主界面中，如图 10-30 所示，点击"数据采集"按键，则调用软件 DiTeSt – STA202，如图 10-32 所示，参照 DiTeSt – STA202 使用说明书，按步骤进行测量，并将测量的数据存放到已建坝号的文件中。

（6）第六步：在数据处理主界面中，如图 10-30 所示，点击"数据查询"按键，则运行数据查询界面，如图 10-33 所示。首先选择坝名，接着打开相应坝名的数据文件，选择温度或应变测量数据，然后选择测量名称、测量时间，则窗口可显示出测值曲线。可用鼠标在曲线上拾取点，右边会显示相应点的坐标。

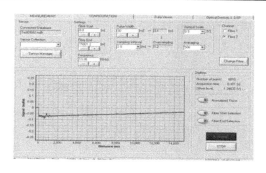

图 10-32　数据采集界面

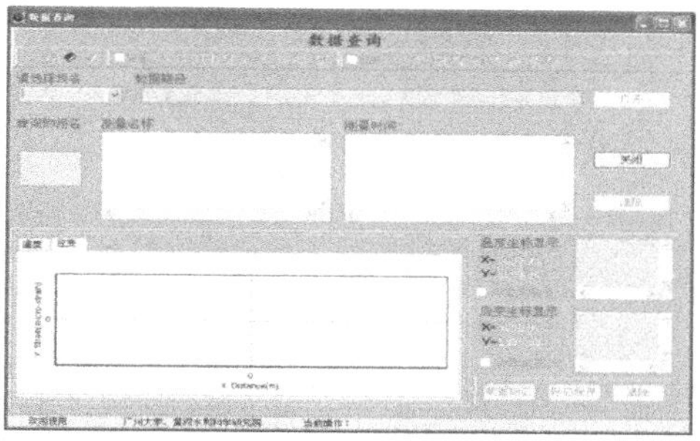

图 10-33　数据查询界面

（7）第七步：在数据处理主界面中，如图 10-30 所示，点击"趋势预测"按键，则运行趋势预测界面，如图 10-34 所示。首先选择坝名，接着打开相应坝名的数据文件，选择温度或应变测量数据，然后选择测量名称、测量时间，窗口可显示出测值曲线。界面右边有显示的预测类型，点击"预测"按键后，则弹出预测日期选择界面，如图 10-35 所示。可以选择预测的时间段，点击"开始"，则弹出计算等待界面，如图 10-36 所示。计算完成后，弹出预测结果显示界面，如图 10-37 所示。可以用鼠标查看曲线值，点击右边按键可以保存预测结果。

图 10-34　趋势预测界面

图 10-35　预测日期选择界面

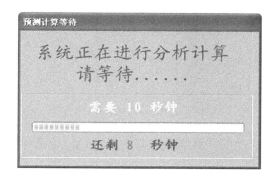

图 10-36　计算等待界面（三）

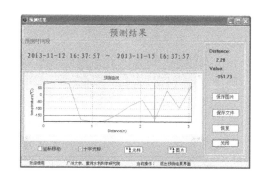

图 10-37　预测结果显示界面

（8）第八步：在数据处理主界面中，如图 10-30 所示，点击"分级预警"按键，则运行分级预警界面，如图 10-38 所示。首先选择坝名，接着打开相应坝名的数据文件，选择应变测量数据，然后选择测量名称、测量时间，窗口可显示出测值曲线。在选择预警位置段时，用鼠标点击曲线任意位置作为初始位置,然后键盘输入预警段数值,再点击"计算分析"按键,弹出计算等待界面,如图 10-39 所示。计算完成后,弹出分级预警的结果,如图 10-40 所示。

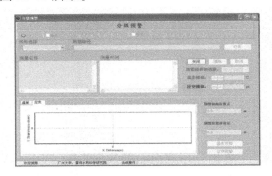

图 10-38　分级预警界面

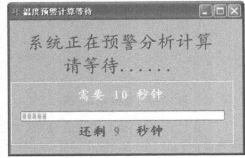

图 10-39　计算等待界面(四)

　　(9)第九步:操作完成后,在数据处理主界面中,如图 10-30 所示,点击"退出系统"按键,则运行退出系统界面,如图 10-41 所示。

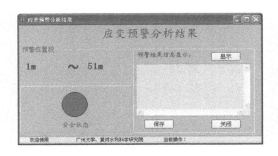

图 10-40　预警结果界面

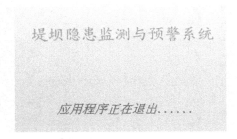

图 10-41　退出系统界面

10.4.2　主要菜单功能

10.4.2.1　登录界面

　　(1)密码输入:输入正确密码,进入建立坝号界面。

　　(2)修改密码:点击"修改密码",可重新设计新登录密码。

　　(3)退出按键:点击"退出"键,退出整个系统。

10.4.2.2　建立坝号界面

　　建立坝号:"是"按键用来建立新的坝号,存放坝号测量的数据;"否"按键,取消建立新的坝号文件。

　　显示坝号:显示输入新的坝号,点击"确定"键,建立新的坝号;点击"取消"键,取消建立新的坝号。

10.4.2.3　数据采集

　　数据采集按键,用来调用 DiTeSt – STA202 软件,进行测量和数据保存。

10.4.2.4　数据查询

"打开"按键,用来选择要查询数据的测量名称。在确定选择好坝号名称后,然后点击"打开"按键,选择测量名称。在测量时间框内选择测量时间,则窗口中会显示出该测量时间段对应的温度值曲线或应变值曲线。用鼠标点击测试曲线,可查询相应点的坐标值。

"关闭"按键,关闭数据查询界面,同时清除显示框中的测值曲线。

10.4.2.5　趋势预测

1. 趋势预测界面

打开按键,用来选择历史测试数据的名称。在确定选择好坝号名称后,然后点击打开按键,选择测量名称。在测量时间框内选择测量时间,则窗口中会显示出该测量时间段对应的温度值曲线或应变值曲线。同时在预测类型中会显示目前打开数据的类型,即温度或应变。

"预测"按键,对已经打开的数据进行计算预测,关闭趋势预测界面,弹出预测时间选择界面。

取消按键,用来清除选择的测量名称,即框中的内容、曲线,然后可以重新选择测量数据。

"关闭"按键,用来清除选择的测量名称,即框中的内容、曲线,然后可以重新选择测量数据、堤段的名称,同时关闭预测界面。

2. 预测时间选择界面

"预测时间选择"按键,用来选择预测的时间段。

"开始"按键,当选择好预测时间段后,点击开始按键,则开始进行预测。然后弹出预测等待界面,计算完成后,则弹出预测结果显示界面。

退出按键,退出预测时间选择界面。

3. 预测结果显示界面

保存按键,将预测的结果保存到指定的文件中。当鼠标在曲线上移动时,在窗口右边会显示相应的坐标值。

关闭按键,退出预测结果显示界面,同时清除选择的预测时间、预测曲线。

10.4.2.6　分级预警

打开按键,用来选择历史测试数据的名称。在确定选择好坝号名称后,然后点击"打开"按键,选择测量名称。在测量时间框内选择测量时间,则窗口中会显示出该测量时间段对应的温度值曲线或应变值曲线。

编辑框,编辑框可用来选择预警初始位置、确定预警的长度。

计算分析按键,当选择好坝号名称、应变测量数据、预警的初始位置和预警的长度后,点击"温度预警(应变预警)"按键,对历史应变数据进行计算分析。关闭分级预警界面,弹出时间等待的窗口。计算完成后,弹出计算分析结果界面,该界面会显示出计算分析的结果,并显示相应的堤防运行状态。

10.4.2.7　操作指南

点击操作指南按键,弹出操作指南界面,详细介绍了堤防隐患监测与预警系统的操作流程、菜单功能及注意事项。

10.4.2.8　退出系统

点击退出系统按键,弹出系统退出界面,运行大约 3 秒钟后,退出整个系统。

10.4.3　注意事项

(1)在数据查询、趋势预测、分级预警界面,都要先选择好坝号名称,再选择打开文件中的测量数据。

(2)在趋势预测界面选择数据时,应该选择测量名称相同的同类型数据;当选择应变时,必须选择相同测量名称的应变数据;当选择温度时,必须选择相同测量名称的温度数据。

(3)在趋势预测界面,测量名称框中不要同时有温度和应变数据名称,若有则预测的结果以当前的选择测量名称为标准,也就是预测类型中显示的选择预测类型。

(4)在分级预警界面中,打开历史测量数据只能选择应变测量数据,因为该软件只是将应变作为唯一的参考量来进行分级预警的。

(5)在分级预警界面中,要计算分析时,首先要确定预警的初始位置、预警长度,然后进行计算分析。在计算分析结果中,当哪个颜色的圆和对应的字亮时,则表明是预测的结果。

(6)需将该软件放置在 D 盘目录下,才可正常运行,否则会产生运行错误。

(7)数据采集功能,是在电脑装有 DiTeSt – STA202 软件的基础上才能运行的。

(8)在使用的过程中要严格按照试验步骤和要求来进行操作。

第 11 章　工程推广应用

11.1　岗李水库堤防工程光纤监测

11.1.1　应用背景

堤防出现事故大多不是偶然性的,通常与堤防未发现的隐患有关。由于不能及时准确地监测到隐患,当隐患发展到一定阶段就会变成险情,导致堤防出险。虽然物探技术已经广泛用于水工建筑物隐患探测,但是仍然存在一些不足,例如:探地雷达法在隐患探测时,存在探测距离小,并且探测的分辨率随探测深度加深而变低的缺点;弹性波层析成像法需要预先埋设声测管或 PVC 管进行检测,工程量大、成本高;电法探测技术受地形的影响较大,地面起伏不平整会使探测出现较大偏差,电极距离太大也会降低电法效率;热电阻测温技术采用铜电阻作为温度传感器,由于铜电阻的本身特性,不适合工作在高温、腐蚀性的环境,只能用于测试环境要求不高的温度检测。因此,需要一种新的监测技术,突破已有监测技术的局限,对建筑物从施工到正常运行时的险情、隐患进行检测。现在堤防工程对监测技术要求越来越高,堤防监测的重点在于如何监测到已经出现的隐患并进行识别。因而,需要新的堤防监测技术手段来探索堤防隐患,进而构建堤防安全监测系统。

目前分布式光纤技术在我国大坝安全监测中逐步得到应用,分布式光纤技术与常规监测技术的原理不同,它具有分布式、长距离、实时性、精度高和耐久性长等特点,能做到对大型基础工程设施的每一个部位像人的神经系统一样进行感知和远程监控,这一技术已成为一些发达国家如日本、加拿大、瑞士、法国和美国等竞相研发的课题。针对分布式光纤监测系统的原理、主要特点及性能,把该项技术引入堤防病害监测中来,进一步开发应用,研发一套基于分布式光纤传感的堤防隐患监测系统。将分布式光纤传感器埋设于堤防内部用来感测坝体外部受损时及内部发生变形和渗漏时变形及温度场的情况。

通过试验研究手段,在光纤性能探索试验的基础上,在室外依托岗李水库试验堤进行工程现场测试,探索堤防从建设初期到稳定后期内部变形场、温度场的变化情况,这对于堤防监测系统的预测预警、安全评估、除险加固、情景分析、决策支持等有重要意义,并为探究坝体隐患监测提供试验依据。

11.1.2　项目概况

试验区选择在距离黄河花园口景区以西约 3.7 km 处的岗李水库。此段是黄河堤防护堤工程的一部分,因此更加接近实际的堤防工程,符合推广应用各项条件。根据岗李水库的现状,将库区东北侧堤防改建规整为试验区。岗李水库丁坝如图 11-1 所示,在两丁坝(1#试验堤和 2#试验堤)间又修建两试验堤(3#试验堤和 4#试验堤),用于堤防病害探测、监测试验研究。试验堤的土质结构及类型主要为黏土和沙壤土。试验堤平面布置见图 11-2,施工现场及完工现场分别见图 11-3 和图 11-4。

图 11-1　岗李水库丁坝

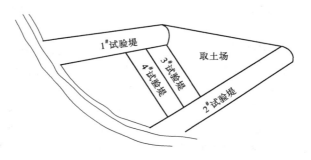

图 11-2　岗李水库试验堤平面布置

图 11-3　试验堤施工现场

图 11-4　试验堤完工现场

　　3#试验堤和 4#试验堤横剖面高度为 3.5 m,坡比为 1∶2,顶部宽度为 1.5 m,底部宽度为 15.5 m,试验堤剖面图如图 11-5 所示。

　　采用温度和应变 2 种传感光纤分别对试验堤渗漏和变形进行监测试验,如图 11-6 所示,主要是在 3#、4#试验堤布设传感器,进行测试研究。在 3#试验堤进行了温度测试光纤的埋设,在 4#试验堤进行了应变测试光纤的埋设。试验堤修建过程中,在测试位置开挖

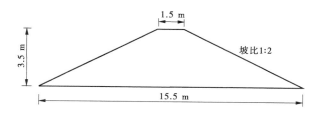

图 11-5　试验堤剖面图

一条光纤槽段,将光纤敷设至槽段内,敷设平顺并拉直,避免光纤损伤、断裂造成光纤损耗,影响测量精度,保证传感光纤的存活率,转弯处的光纤半径要大于光纤损坏直径。

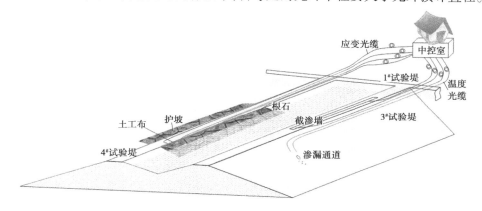

图 11-6　岗李水库 3#、4# 试验堤传感器布设示意图

11.1.3　现场试验准备

项目在岗李水库建立试验堤防开展光纤监测的应用研究。一方面是为了和室内光纤试验进行对比,观测光纤在室内、室外试验所呈现出来的差异,研究分析光纤的传感特性;另一方面是为光纤进行工程应用提供参考和指导,模拟相关堤防隐患进行测试,并对测试数据进行处理分析。

选择光纤传感器进行工程实践应用时,要考虑到以下 3 个方面:

(1)根据试验的目标,制订合理的试验方案。

(2)依据试验的环境条件,以及监测的具体参数,探讨是采用直接监测还是间接监测。

(3)由于光纤应变和温度传感都存在敏感性,因此要考虑光纤类型的选择。

准备好试验测试用的器材,本试验的主要器材有:DiTeSt – STA202 分析仪、温度计、备用光纤(Ⅳ型紧套光纤,室内准备 1 根用于补长测试用的Ⅳ型紧套光纤,且两头均接好跳线,尽量让熔接处的损耗最小,最大不得超过 0.06 dB,室内需测试一下Ⅳ型紧套光纤,看是否正常传感和通信)、跳线、活动接头、PVC 管、宽型塑料透明胶带、熔接机、光纤工具箱、发电机、不间断电源(UPS)、塑料袋若干。

在实际测试中,由于环境恶劣,仪器本身缺陷,以及人为的因素干扰等,测试数据经常存在粗大误差而产生异常值。有时即便是同一个仪器或者操作系统,在相同条件下,测试数据也会有差别,并且出现异常值的方式和大小也不相同。异常值会影响数据的正确处理,并导致错误的结果。因此,需要对测试数据做一些处理,保证测试数据结果的正确性。尤其当测试数据繁多时,需要用专业的数据处理软件来进行操作,因此本试验借助 Matlab 数据处理软件来进行数据的处理分析。

在实际测试中,由于各种因素的干扰,测得的数据难免会混杂噪声,会对测试信号的准确分析造成影响。如果选用合适的数据处理方法,则有助于后续对测试数据进行分析,因此需要对检测结果采取去噪处理。本书采用了小波去噪和求取均值的方法来处理数据。

(1)DiTeSt 仪器测试的数据受到环境等多种因素的影响,不可避免地会含有噪声。原始信号中一般由高频的噪声信号和低频的真实信号组成,可以表示为如下的公式:

$$S(t) = f(t) + \sigma e(t) \qquad (t = 0, 1, \cdots, n - 1) \tag{11-1}$$

式中:$f(t)$ 为真实信息;$e(t)$ 为噪声;$S(t)$ 为含噪声的原始信号。

因此,要获得真实的信号,就要对测试的原始信号进行去噪处理。小波变换是通过把原始信号进行多尺度分解来衰减高频,从而达到去噪声的作用。小波去噪阈值的确定方法通常有三种:一是默认阈值,该方法利用生成信号默认阈值来进行去噪处理;二是给定阈值,该方法根据给定的阈值进行去噪处理;三是强制去噪,该方法将信号小波分解并去掉高频部分后对信号进行小波重构。小波去噪的实质是剔除噪声产生的小波系数,最大限度地保留真实信号的系数,然后通过小波反变换得到信号的最优估计。小波去噪中用到的小波函数类型比较多,因此要根据自己的需要有选择性地去选择小波函数。通过小波去噪后的信号与理论结果的误差来判定小波函数的好坏,从而来选定小波函数。本书主要是针对 Ⅱ 型光纤测试的数据采用小波去噪,首先对测量数据进行小波分解,使用的母函数为 Daubechies 小波;其次选择强制的阈值去噪处理;最后进行小波的重构。

(2)由于测试环境等多种因素的干扰,在实际的测试中数据都会有一定的波动性,或出现异常值。因此,采用多次测量求均值来消除偶然误差达到消除噪声的影响,得到比较稳定正确的数据。平均值计算公式表示为

$$\bar{x} = \frac{x_1 + x_2 + \cdots + x_n}{n} = \frac{\sum_{i=1}^{n} x_i}{n} \tag{11-2}$$

(3)针对岗李堤防工程试验结果,本书对部分结果采用移动平均值法和支持向量机进行拟合分析,并给出相应的残差值,从而为堤防光纤监测数据的预测分析建立了算法模型。

11.1.4　现场试验方案

11.1.4.1　光纤布设方案

在岗李水库修建了试验堤防,在 3# 段进行了温度测试光纤的埋设,在 4# 段进行了应变测试光纤的埋设。堤防修建的过程中,在测试位置开挖 1 条光纤槽段,将光纤敷设至槽段内,敷设平顺拉直光纤后将槽段填平。这种在土体中开槽埋设光纤的方式,保证了光纤

与土体的共同变形。在敷设过程中要避免光纤损伤、断裂造成光纤损耗,影响测量精度,保证传感光纤的存活率,转弯处的光纤段半径要大于光纤损坏半径。

（1）应变测试光纤的布设。应变测试光纤采用的是 I 型和 II 型光纤,共布设了两层,其中一层在距离堤顶 2 m 处,另一层是在距离堤顶 1 m 处。并且每层均有 2 组光纤粘合在一起,这样可以观察不同光纤在相同条件下的应变特性。不同深度两种光纤定义的传感器长度均为 125 m,应变监测长度累计达 500 m。应变测试光纤布设方式及布设现场如图 11-7、图 11-8 所示。

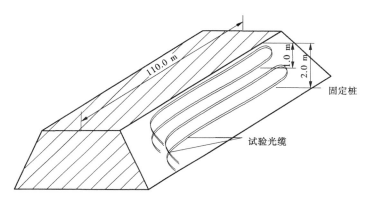

图 11-7　应变测试光纤布设方式

图 11-8　应变测试光纤布设现场

（2）温度测试光纤的布设。由于渗漏主要通过监测渗流通道周边介质温度的改变而获得信息,因此此处为温度传感光纤的布设。采用两种方式埋设了温度测试光纤:一种是竖直方向的缠绕型埋设方式;另一种是沿着水平方向的平铺型埋设方式。两种埋设方式定义的温度传感器长度均为 25 m。温度测试光纤布设方式及布设现场如图 11-9、图 11-10 所示。

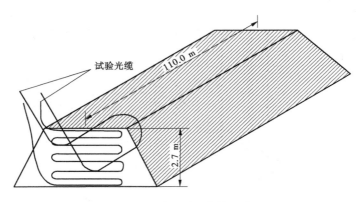

图 11-9　温度测试光纤布设方式

图 11-10　温度测试光纤布设现场

11.1.4.2　光纤测试方案

通过光纤的自由、荷载、跟随、盒体、拉伸、弯曲、温度试验,以及测试结果线性拟合值和测试值的对比分析,研究了光纤的基本参数和物理性能,比如中心频率、应变温度敏感性以及不同弯曲半径对光纤温度和应变测试的影响。在工程实际推广应用时,要根据光纤温度、应变的适应性来分别选择测试温度和测试应变的光纤,并在埋设过程中充分考虑光纤允许的弯曲半径。本试验分两个阶段进行:

　　第一个阶段:在堤防的修建过程中,布设好测试光纤,接好跳线,尽量让熔接处的损耗最小,并用塑料袋保护好接头。当修建完成后,即对测试光纤进行温度和应变测试,及时调整仪器相关参数,保证测试的准确性,记录并保存数据。

　　第二个阶段:当堤防完全定型后,再对测试光纤进行温度和应变测试,及时调整仪器相关参数,保证测试的准确性,记录并保存数据。

11.1.5　试验结果及分析

11.1.5.1　试验结果

　　布设好光纤,在试验堤修建好的初期和定型后进行了多次应变和温度测试。现场测试如图 11-11 所示。

图 11-11　岗李现场测试

　　1. Ⅱ型光纤现场测试数据结果

　　(1)Ⅱ型光纤应变测试,试验堤建成初期距离堤顶 2 m 处光纤的应变测试结果如图 11-12、图 11-13 所示。

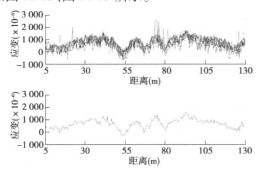

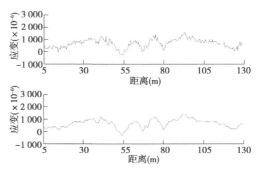

图 11-12　建成初期的应变和应变均值曲线　　　　**图 11-13　建成初期的应变均值和去噪曲线**

　　(2)Ⅱ型光纤应变测试,试验地定型后距离堤顶 2 m 处光纤的应变测试结果如图 11-14、图 11-15 所示。

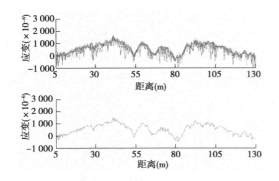

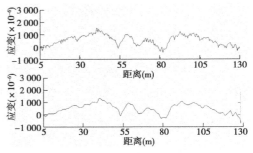

图 11-14　定型后的应变和应变均值曲线　　　**图 11-15　定型后的应变均值和去噪曲线**

（3）Ⅱ型光纤应变测试，试验堤建成初期距离堤顶 1 m 处光纤的应变测试结果如图 11-16、图 11-17 所示。

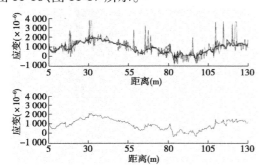

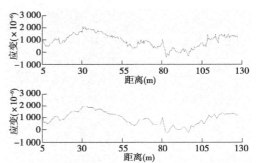

图 11-16　建成初期的应变和应变均值曲线　　　**图 11-17　建成初期的应变均值和去噪曲线**

（4）Ⅱ型光纤应变测试，试验堤定型后距离堤顶 1 m 处光纤的应变测试结果如图 11-18、图 11-19 所示。

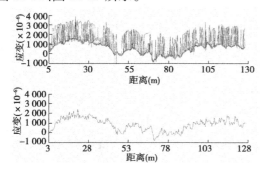

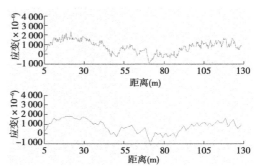

图 11-18　定型后的应变和应变均值曲线　　　**图 11-19　定型后的应变均值和去噪曲线**

2．Ⅰ型光纤测试数据结果

（1）Ⅰ型光纤应变测试，试验堤建成初期和定型后距离堤顶 2 m 处光纤的应变测试结果如图 11-20、图 11-21 所示。

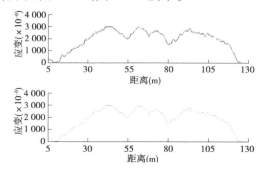
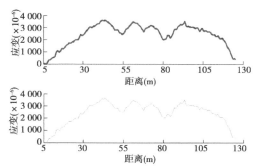

图 11-20　建成初期的应变和应变均值曲线　　　图 11-21　定型后的应变和应变均值曲线

（2）Ⅰ型光纤应变测试，试验堤建成初期距离堤顶 1 m 处应变测试结果如图 11-22 所示。

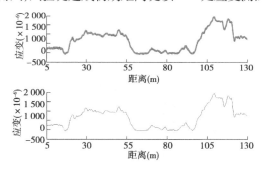

图 11-22　建成初期的应变和应变均值曲线

3．Ⅲ型光纤测试数据结果

（1）Ⅲ型光纤温度测试，缠绕型布设光纤，距离堤顶约 3.7 m，试验堤建成初期和定型后测试结果如图 11-23、图 11-24 所示。

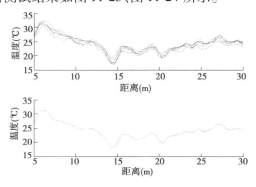
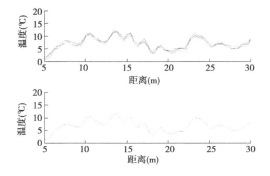

图 11-23　建成初期的温度和温度均值曲线　　　图 11-24　定型后的温度和温度均值曲线

（2）Ⅲ型光纤温度测试，平铺型布设光纤，距离堤顶约 3.0 m，试验堤建成初期和定型后测试结果如图 11-25、图 11-26 所示。

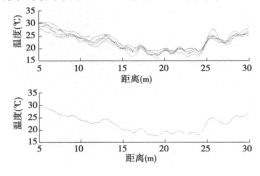

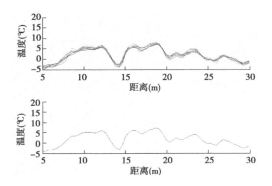

图 11-25　建成初期的温度和温度均值曲线　　　图 11-26　定型后的温度和温度均值曲线

11.1.5.2　结果分析

从应变测试的曲线来看,Ⅱ型光纤和Ⅰ型光纤的应变测试都能反映出应变的情况。从光纤的初始位置应变逐渐呈上升趋势,并在光纤固定长度的中间段应变最大。试验堤定型前后Ⅱ型光纤的测试数据曲线的基本趋势是相同的。虽然前后的测试中都存在一些野值和跳点,尤其是试验堤定型后的测试数据,但是对这些数据进行均值处理后,曲线的野值和跳点幅度要平稳很多。从建成初期和定型后Ⅱ型光纤测试的数据曲线来看,应变的变化趋势差不多,并且定型后测试数据的野值和跳点比第一次更少,数据的整体性比第一次的更好,但是Ⅱ型光纤的测试数据包含不少噪声,对其测试结果进行了小波去噪处理,去噪后的曲线比较光滑,更好地反映出实际曲线的情况。Ⅰ型光纤定型前后测试数据曲线的基本趋势是相同的。从前后测试的数据曲线来看,应变趋势差不多,并且定型后的应变值稍微比建成初期的大。平铺在同一层的Ⅱ型和Ⅰ型光纤应变曲线趋势差不多,但是幅值还是有所差别的。这也反映出不同光纤在同一条件下,它们的应力应变曲线是不相同的。从堤防建成初期到堤防稳定时期的应变监测数据来看,堤防稳定时期的应变相对堤防初期的应变值要稍大一些,这是由于堤防建成的初期,土体相对比较松散,而堤防稳定时期,土体经过自身重量的变化已经定型,土体结构相对比较紧凑,故光纤的应变值要比堤防建设初期时受到的应变大。

从温度测试的曲线来看,光纤温度测试也能够反映出内部温度的变化情况,从堤防外部到内部温度逐渐降低,随着光纤延伸到堤外,温度也随之升高。堤防的建设初期,堤防内部的温度场还不够相对稳定,当堤防建成一段时间后,堤防的内部自身形成一个相对稳定的温度场。光纤的前后两次测试数据曲线的基本趋势完全不同,堤防建成初期测试时,外面的温度比内部的温度高,从测试曲线幅度也可以看出;定型后测试时,外面的温度比内部的温度低,从测试的曲线幅度可以看出。在不同季节内部和外部的温差不同,且内部温度也不同。另外,缠绕的光纤比平铺的光纤埋设要深,因此在建成初期测试时,绕屈光纤的最低温度要比平铺光纤的低,在定型后测试时,绕屈光纤的最高温度要比平铺光纤的温度高。因此,从温度的监测结果来看,要注意到堤防的建设时期的温度变化,建设成型后堤防内部温度场的分布情况,以及堤防在不同季节影响下的堤防内部温度场的情况,所以在对堤防进行渗漏监测时,均要考虑到以上的因素。

采用移动平均法和支持向量机对距堤顶 2 m 处的 I 型光纤的应变均值曲线和缠绕布设的 III 型光纤的温度均值曲线进行趋势分析,并绘出残差图,结果如图 11-27 ~ 图 11-30 所示。

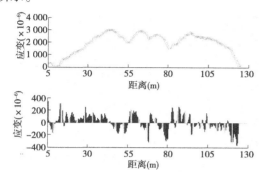

图 11-27　移动平均法的应变拟合曲线和残差

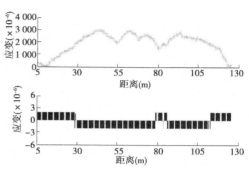

图 11-28　移动平均法的应变拟合曲线和残差

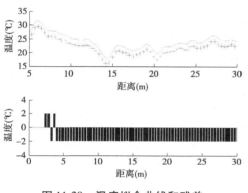

图 11-29　温度拟合曲线和残差

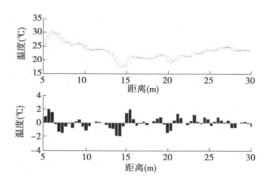

图 11-30　温度拟合曲线和残差

11.1.5.3　数据处理

(1)选取堤防建成初期距离堤顶 2 m 处 I 型光纤的 8 组测试数据,分别对 8 组数据及其均值采用其 3 倍标准差来进行处理分析,结果如表 11-1、表 11-2 所示。

表 11-1　测试数据的异常值

第1组 异常值	第2组 异常值	第3组 异常值	第4组 异常值	第5组 异常值	第6组 异常值	第7组 异常值	第8组 异常值	均值组 异常值
2 002.11	2 428.22	-683.97			2 797.82		-776.97	
-595.58	2 508.08	1 883.88			-741.84			
-625.83	2 520.06							
1 757.62	2 499.39							
	2 545.06							

表 11-2　　测试数据的标准差

第1组标准差	第2组标准差	第3组标准差	第4组标准差	第5组标准差	第6组标准差	第7组标准差	第8组标准差	均值组标准差	标准差均值
836.3	839.1	845.8	853.8	838.3	857.9	849.8	837.3	844.3	844.8

（2）选取堤防建成初期以缠绕方式布设的Ⅲ型光纤8组测试数据，分别对8组数据及其均值采用其3倍标准差来进行处理分析，结果如表11-3、表11-4所示。

表 11-3　　测试数据的异常值

第1组异常值	第2组异常值	第3组异常值	第4组异常值	第5组异常值	第6组异常值	第7组异常值	第8组异常值	均值组异常值
−182.87	−182.97	−183.01	−182.55	−182.43	−181.17	−180.86	−180.77	−182.08
−179.45	−179.41	−179.08	−178.92	−179.52	−177.80	−176.78	−176.81	−178.47

表 11-4　　测试数据的标准差

第1组标准差	第2组标准差	第3组标准差	第4组标准差	第5组标准差	第6组标准差	第7组标准差	第8组标准差	均值组标准差	标准差均值
34.7	34.8	34.8	34.7	34.9	34.5	34.4	34.3	34.6	34.6

从上两组表中可以看出，表11-1中Ⅰ型光纤测试的8组数据中，其中的1、2、3、6、8组数据中均有不同的异常值，但是对8组数据进行均值化处理后，异常值得到了一定的消除。表11-3中，Ⅲ型光纤测试的8组数据中，其中的8组数据中均有不同的异常值，但是对8组数据进行均值化处理后，异常值还是存在。可见，采用多次测量求均值可以在一定程度上消除异常值。另外，从标准差的技术结果来看，均值后再求标准差和分别对每组求标准差在均值结果有所区别，均值后的标准差的值要小一些。

11.1.5.4　预警分析

试验堤定型（光纤测值稳定）后，又对所布设的光纤以每周测试一次的频率连续测试了8周，光纤形变与温度测值曲线无异常变化趋势，也未发生个别位置测值突变的情况，说明试验堤整体运行稳定。为获得监测数据的预警指标，以距离堤顶2 m处Ⅰ型光纤应变测值为例，每隔30 m选择一个测点作为典型测点，采用典型小概率法求得这些测点的预警指标，便于以后直接通过对比测点测值与预警指标来判断堤防运行状态，若实测值超过了预警指标，则有可能出现异常，应查明原因并及时采取措施。

选取典型测点每周测量的最大值，即得到一个小子样样本空间，$E = \{E_{m1}, E_{m2}, \cdots, E_{mn}\}$，如表11-5所示。

表 11-5　典型测点最大值统计

序号	测点位置(m)	E_{m1}	E_{m2}	E_{m3}	E_{m4}	E_{m5}	E_{m6}	E_{m7}	E_{m8}
1	30	2 543	2 339	2 280	2 460	2 386	2 310	2 256	2 417
2	60	2 950	3 014	2 875	2 913	3 086	2 973	2 866	3 000
3	90	2 786	2 812	2 856	2 910	2 973	2 834	2 922	3 010
4	120	1 760	1 806	1 689	1 723	1 788	1 860	1 834	1 873

假设样本空间服从以 $\overline{E}$ 为均值，σ 为标准差的正态分布，采用小概率统计检验方法（K-S法）检验得到，4 个测点形变量最大值均服从正态分布，概率分布函数 $F(E_{mi}) = \int_{-\infty}^{E_{mi}} \frac{1}{\sqrt{2\pi}\sigma} e^{-\frac{(E-\overline{E})^2}{2\sigma^2}} dE$，失效概率 $P_{\alpha} = P(E > E_m) = \int_{E_m}^{+\infty} \frac{1}{\sqrt{2\pi}\sigma} e^{-\frac{(E-\overline{E})^2}{2\sigma^2}} dE$，可求出对应于 P_{α} 的监控指标 $E_m = F^{-1}(\overline{E}, \sigma, \alpha)$，见表 11-6。

表 11-6　典型小概率法拟定的安全监控指标

序号	测点位置(m)	特征值		监控指标($\times 10^{-6}$)
		$\overline{E}$	σ	$\alpha = 5\%$
1	30	9 432.98	97.12	2 576.28
2	60	5 561.41	74.57	3 122.30
3	90	6 266.98	79.16	3 139.83
4	120	4 221.98	64.98	1 979.56

11.2　龙湖防渗墙工程光纤监测

11.2.1　应用背景

汛期大多数出险堤段在发生决口等灾变前，都存在渗透变形问题。在汛期高水头作用下堤防很容易出现渗漏险情，主要表现为堤身渗水、滑坡、漏洞、集中渗流造成的接触冲刷，以及在堤基中常出现的流砂、泡泉、砂沸、土层隆起、土颗粒浮动、膨胀、断裂等。因此，作为保护人民生命财产安全的重要基础设施，加强对堤防的建设和对已有堤防的维护是一项关乎国民生计的大事。首先，利用现代先进技术进行堤防隐患探查和安全评价，找出存在的问题；然后，采取经济合理的工程措施，对存在隐患的堤段进行防渗加固，提高堤防的防洪减灾能力，防止汛期因堤防溃堤而引起的洪涝灾害。堤防的渗流控制可分为水平铺盖防渗、垂直防渗、背水侧压渗、导渗和排渗等。其中，防渗墙作为一种垂直防渗措施，它利用钻孔、挖槽机械，在松散透水地基或坝（堰）体中以泥浆固壁，挖掘槽型孔或连锁桩柱孔，在槽（孔）内浇筑水下混凝土或回填其他防渗材料组成具有防渗功能的地下连续墙。其渗流控制工作状态明确，比较可靠，越来越受欢迎，在目前大江大河的堤防加固工程中得到广泛应用。

　　防渗墙工程属于隐蔽工程,质量缺陷要在汛期运行中才能暴露出来。为保证防渗墙工程质量,通常是对其进行工序质量检查和墙体质量检查,即施工过程中严格控制工艺流程,加强对工序质量的检验;施工结束后,对灌浆的效果进行仔细检查及规范验收程序,以了解堤防隐患是否已确实消除或防渗工程达到设计要求。通常墙体质量的检查方法有钻孔取芯法、注(压)水试验法或其他物探方法(如超声波法、弹性波透射层析成像法)等。由于钻孔取芯法、注(压)水试验法检测结果离散型较大,不能反映墙体的整体质量;而物探方法也有一定的局限性,检测精度也有待提高。这些检测方法都是定点定时对防渗墙的质量进行检测,不能够长期实时对防渗墙质量进行监测。因此,需要一种新的监测技术,来监测防渗墙的运行状态,确保能够监测到已出现的隐患,并能进行有效地识别。

　　分布式光纤传感技术是一种崭新的技术手段。与传统的监测技术相比较,该技术具有以下明显的优势:便于安装,耐腐蚀性和耐高温性好,监测点连续,测量精度高,抗电磁干扰性高,稳定性好,环境适应能力强,便于远程监测等。结合郑州龙湖防渗墙工程,根据防渗墙的结构特点,研究分布式光纤在防渗墙中的布设方式,对比分析防渗墙内外光纤温度曲线的分布规律,模拟防渗墙从浇筑初期到稳定后期内部变形量、温度量的情况。同时,该试验采用的光纤布设方式还能够模拟出沉降现象,可以应用到堤防等结构的沉降形变监测中,为堤防等其他工程竖直方向形变和渗漏监测提供依据。

11.2.2　项目概况

　　郑州引黄灌溉龙湖调蓄工程是一项以郑州市农业灌溉调节水量为主,兼顾生态、景观的综合性水利工程。工程位于郑州市郑东新区——东风渠北、魏河南、中州大道以东、107国道辅道以西,工程等别为Ⅲ等。根据龙湖水系的总体规划成果,在湖周共设置宽度、深度不等的湖湾十余处,在龙湖中心地带设椭圆形湖心岛,在中间区域布置一个椭圆形的中心湖。龙湖调蓄池防渗采用综合防渗方案,即垂直防渗与水平防渗相结合。沿主池区湖岸布设一道塑性混凝土防渗墙(垂直防渗),在湖湾处取直。防渗墙墙顶部与湖周护岸体或湖底壤土铺盖紧密连接。龙湖工程总平面布置图如图 11-31 所示。

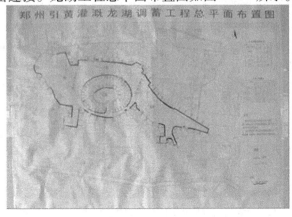

图 11-31　龙湖工程总平面布置图

现场施工如图 11-22、图 11-33 所示。

图 11-32　防渗墙槽

图 11-33　防渗墙挖掘

　　将光纤埋入防渗墙中,光纤的布设较为麻烦,并且容易破坏。因此,本试验采用钻孔来布设光纤。防渗墙总长度 23.38 km,宽度 0.40 m,深度 40.00 m。防渗墙槽段示意图如图 11-34 所示。

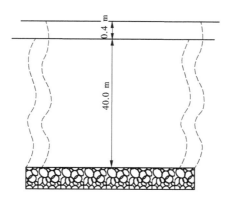

图 11-34　防渗墙槽段示意图

11.2.3　现场试验准备

　　在选择光纤传感器进行工程实践应用时,要考虑到以下 3 个方面:

　　(1)根据试验的目标,制订合理的试验方案。

　　(2)依据试验的环境条件,以及监测的具体参数,探讨是采用直接监测还是间接监测。

　　(3)由于光纤应变和温度传感都存在敏感性,因此要考虑到光纤类型的选择。

　　准备好试验测试用的器材,本试验的主要器材有:DiTeSt－STA202 分析仪、温度计、备用光纤(Ⅳ型紧套光纤,室内准备 1 根用于补长测试用的Ⅳ型紧套光纤,且两头均接好跳线,尽量让熔接处的损耗最小,最大不得超过 0.06 dB,室内需测试一下Ⅳ型紧套光纤,看是否正常传感和通信)、跳线及活动接头若干、PVC 管若根、宽型塑料透明胶、熔接机、光纤工具箱、发电机、不间断电源(UPS)、塑料袋若个。

在实际测试中,由于环境恶劣,仪器本身的缺陷,以及人为的因素干扰等测试的数据经常存在粗大误差而产生异常值。有时即便是同一个仪器或者操作系统,在相同的条件下,测试的数据也会有差别,并且出现异常值的方式和大小也不相同。异常值会影响数据的正确处理,并导致错误的结果。本试验借助 Matlab 数据处理软件,采用小波去噪和求取均值的方法来处理数据,并且针对郑州引黄灌溉龙湖调蓄工程龙湖防渗墙的试验结果,对部分结果进行了移动平均值法和支持向量机拟合分析,并给出相应的残差值,从而为堤防数据的预测分析建立了算法模型。

11.2.4　现场试验方案

11.2.4.1　光纤试验布设方案

考虑到将光纤直接埋入到防渗墙中较为困难,且容易对光纤造成破坏,因此现场试验时采用钻孔的方式布设光纤。由于钻孔内都是泥浆、细沙,在布设过程中,用保护装置来固定光纤的一端。在保护装置中加载重物,一方面是为了保护光纤;另一方面是给光纤载重,便于将光纤放入到孔内。在保护装置的保护下,放入孔内的光纤长度约为 20 m,露在外面的光纤长度约为 30 m,定义的形变与温度传感器长度均为 50 m。在对钻孔进行封堵时,采用与防渗墙浇筑相同配合比的浆液,目的是使浆液凝固后的基本力学性质与防渗墙的相同,从而使布设于钻孔中的传感光纤能与周围介质较好地耦合为一体,共同变形。

光纤埋设方式如图 11-35 所示,布设现场如图 11-36 所示。

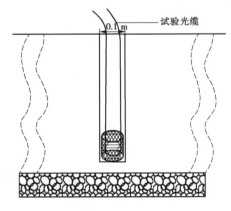

图 11-35　光纤埋设方式

11.2.4.2　防渗墙试验测试方案

在龙湖防渗墙工程进行了从钻孔、浇筑及成型稳定后的应变和温度的监测,从而模拟了沉降、变形试验,并设计了一种光纤保护装置。试验分 3 个阶段进行:

第一个阶段:将测试光纤放入钻孔中,在没有进行钻孔封堵浇筑之前接好跳线,尽量让熔接处的损耗最小,即对测试光纤进行温度和应变测试。及时调整仪器相关参数,保证测试的准确性,记录并保存数据。

第二个阶段:为了光纤不被破坏,采用人工浇筑的方式,浇筑完成后即对测试光纤进行温度和应变测试,及时调整仪器相关参数,保证测试的准确性,记录并保存数据。

第三个阶段:浇筑定型后,对测试光纤进行温度和应变测试,及时调整仪器相关参数,保证测试的准确性,记录并保存数据。

图 11-36　光纤布设现场

11.2.5　试验结果及分析

11.2.5.1　试验结果

布设好光纤,对防渗墙进行浇筑之前,刚浇筑完成及浇筑完稳定后的应变和温度测试。测试现场如图 11-37 所示。

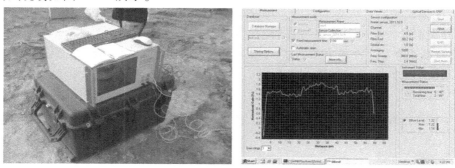

图 11-37　龙湖测试现场

布设好光纤后,对防渗墙进行浇筑之前,刚浇筑完及浇筑完稳定后的应变和温度测试。现场测试数据结果如下:

(1)I 型光纤及固定块装置模拟测试试验。将光纤摆放处于自然长度的状态,这里是将光纤稍微拉直摆放的,不是缠绕的放在一起。光纤中间位于固定块内。测试结果如图 11-38 所示。

(2)未浇筑之前的测试。在未浇筑之前,进行了现场测试,测试了 8 组数据,接着进

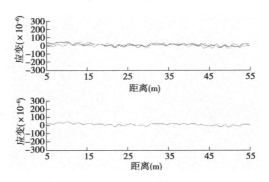

图 11-38　应变和应变均值曲线

行了温度测试,也测试了 8 组数据。应变测试过程中,光纤一直都处于拉直状态。测试结果如图 11-39、图 11-40 所示。

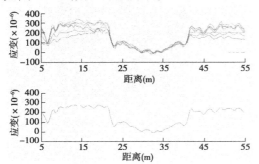

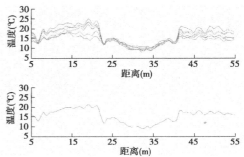

图 11-39　未浇筑前应变和应变均值曲线　　　　图 11-40　未浇筑前温度和温度均值曲线

（3）刚浇筑完后进行测试。为了防止破坏放入孔中的光纤,浇筑没有采用机械作业,而是采取人工进行水泥混砂浇筑,浇筑大约花了 0.5 小时。浇筑过程中,始终都拉直光纤,防止下垂或缠绕。浇筑完后,进行了现场测试,应变测试了 8 组数据,温度测试了 6 组数据。测试结果如图 11-41、图 11-42 所示。

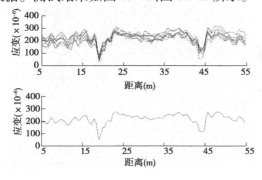

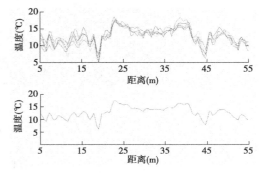

图 11-41　刚浇筑完后应变和应变均值曲线　　　　图 11-42　刚浇筑完后温度和温度均值曲线

（4）浇筑定型后光纤的第一次测试。测试时,将孔外的光纤尽量拉开,处于自由长度状态,尽量和前期测试时光纤的状态保持一致时,进行应变和温度测试。测试结果如图 11-43、图 11-44 所示。

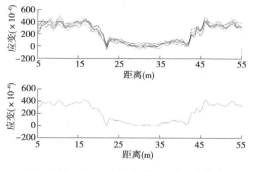

图 11-43　浇筑定型后第一次测试应变
和应变均值曲线

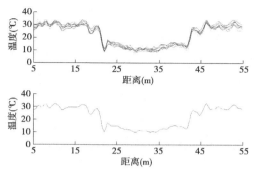

图 11-44　浇筑定型后第一次测试温度
和温度均值曲线

(5)浇筑定型后光纤的第二次测试。测试时,将孔外的光纤尽量拉开,处于自由长度状态,尽量和前期测试时光纤的状态保持一致时,进行应变和温度测试。测试结果如图 11-45、图 11-46 所示。

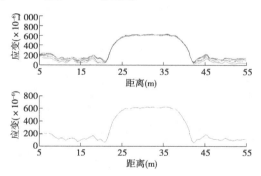

图 11-45　浇筑定型后第二次测试应变
和应变均值曲线

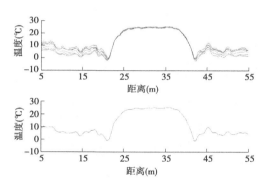

图 11-46　浇筑定型后第二次测试温度
和温度均值曲线

11.2.5.2　结果分析

从Ⅰ型光纤处于自由长度拉直摆放,中间位于固定块内时的测试曲线来看,处于保护装置中的光纤前半段和后半段并没有很大的差别,整体幅度变化差不多,比较均衡,说明该保护装置未对光纤造成损耗,能够进行正常的测试。

在没有浇筑时,Ⅰ型光纤放在孔内,尽管处于拉伸状态,光纤会受到应力而发生变形,但是此时孔内外的温差也是比较大的,从测试的曲线来看,孔内的光纤受到温度的影响起了主导作用。因此,在没有浇筑时,孔内的光纤主要受温度的影响。此时光纤的拉伸完全靠保护装置的本身重力,但是孔内有水会产生浮力,因此会抵消向下的一部分重力,所以光纤放到孔内泥浆中时,受到的拉力作用不是很大。从温度测试的曲线来看,孔内外的温差比较大,孔内的温度比孔外温度要低,当时测试时,孔外环境的温度大约24 ℃。浇筑之后,从应变测试的曲线来看,孔内光纤和孔外光纤的幅度基本持平,此时光纤已经在水泥中定型,受到了力的作用,从而模拟出沉降状态下光纤的应变情况。从测试的结果来看,这时光纤的应变曲线有了明显的变化,并且起了主要作用。

　　浇筑定型后的第一次测试,从测试的曲线来看,Ⅰ型光纤放在孔内,状态已经确定,但是在孔内的光纤受到温度的影响明显比孔外的光纤要大。由于此时孔内的光纤没有受到很大的形变,应变曲线的幅度主要是受温度的影响,所以相比孔外的光纤幅度是下降的。孔内外的温差比较大,且孔内的温度比孔外的温度要低。当时孔外环境的温度为 31 ℃,曲线的温度最大值也差不多接近此时周围环境的温度值,刚开始测试的几组数据与温度计显示的环境温度相比稍微有点差异,但是在测试后几组数据时,曲线的幅度已经比较接近周围环境的温度。因此,可以看出光纤测试温度需要一定时间来进行传感。

　　浇筑固定后的第二次测试,从测试曲线上看,孔外光纤段的应变值基本持平,此时的光纤处于自然绕曲状态。孔内光纤段的应变值比孔外光纤应变值要大很多,且有一个明显的跳变,表明孔内的光纤不仅受到应变,同时还受到温度的影响。由于是在冬天进行测试,孔外的温度比孔内的温度要低。当时外界温度为 4.5 ℃,此时的光纤处于自然绕曲状态。孔内光纤段的温度值比孔外光纤温度值要大很多,且有一个明显的跳变,表明孔内的温度要比孔外的温度高。

　　采用移动平均法和支持向量机对刚浇筑后的第一次测试时Ⅰ型光纤的应变均值曲线和温度均值曲线进行分析,做数据拟合,结果如图 11-47 ~ 图 11-50 所示。

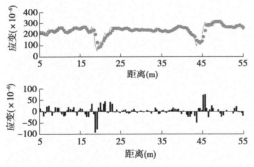

图 11-47　应变拟合曲线和残差

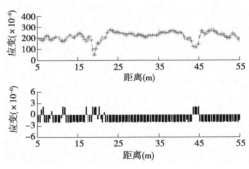

图 11-48　应变拟合曲线和残差

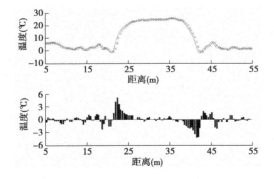

图 11-49　温度拟合曲线和残差

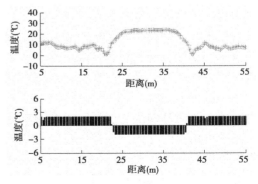

图 11-50　温度拟合曲线和残差

11.2.5.3　数据处理

（1）选取 I 型光纤刚浇筑后第一次测试的 8 组测试数据,分别对 8 组数据及其均值采用其 3 倍标准差来进行处理分析,结果如表 11-7、表 11-8 所示。

表 11-7　I 型光纤刚浇筑后第一次测试数据的异常值

第1组 异常值	第2组 异常值	第3组 异常值	第4组 异常值	第5组 异常值	第6组 异常值	第7组 异常值	第8组 异常值	均值组 异常值
-3 787.9	-3 769.8	-3 741.1	-3 785.9	-3 762.4	-3 799.9	-3 828.7	-3 767.1	-1 306.1
-3 814.9					-3 824.4		-3 759.4	-3 785.8

表 11-8　I 型光纤刚浇筑后第一次测试数据的标准差

第1组 标准差	第2组 标准差	第3组 标准差	第4组 标准差	第5组 标准差	第6组 标准差	第7组 标准差	第8组 标准差	均值组 标准差	标准差 均值
485.9	342.1	340.7	342.7	340.5	482.4	347.3	476.5	365.3	394.8

（2）I 型光纤浇筑后第二次测试时的温度曲线,对其均值采用其 3 倍标准差来进行处理分析,结果如表 11-9、表 11-10 所示。

表 11-9　I 型光纤浇筑后第二次测试数据的异常值

第1组 异常值	第2组 异常值	第3组 异常值	第4组 异常值	第5组 异常值	第6组 异常值	第7组 异常值	第8组 异常值	均值组 异常值
无	无	无	无	无	无	无	无	无

表 11-10　I 型光纤浇筑后第二次测试数据的标准差

第1组 标准差	第2组 标准差	第3组 标准差	第4组 标准差	第5组 标准差	第6组 标准差	第7组 标准差	第8组 标准差	均值组 标准差	标准差 均值
9.72	9.32	8.79	8.17	7.59	7.56	8.06	8.12	8.39	8.42

从上两组表可以看出,表 11-7 中 I 型光纤测试的 8 组应变数据中,其中的 8 组数据中均有不同的异常值,但是对 8 组数据进行均值化处理后,异常值依然存在。表 11-9 中 I 型光纤测试的 8 组数据中,测试数据中不存在异常值,对 8 组数据进行均值化处理后,异常值也不存在。可见,采用多次测量求均值可以在一定程度上消除异常值,但是也会带来异常值的累积。另外,从标准差的技术结果来看,均值后再求标准差和分别对每组求标准差,在均值结果上有所区别,均值后的标准差的值要小。

11.3　赵口闸除险加固工程光纤监测

11.3.1　应用背景

堤防是防御洪水的主要建筑物和屏障,它保护着两岸城市和农村免遭洪水的侵害。为了引水灌溉、城市供水、分洪等目的,堤防上又修建了许多涵闸。黄河下游的涵闸大多建于20世纪70年代和80年代,有的甚至建于50年代,经过数十年的运行,很多已出现老化和病害现象。它们是堤防的薄弱环节,存在许多安全隐患,素有"一处涵闸一处险工"之说,每年汛期涵闸堤段都是防守的重要堤段。而且1998年长江大水的实战也表明,每处堤防的土石结合部都是一个较大的隐患,易发生重大险情。在堤防的土石结合部由于材质、沉降速率、沉降比尺的不同极易发生沿缝渗漏,进而形成过水通道,引发渗水、管涌等险情,甚至导致大堤决口。1996年8月14日安徽省东至县的杨墩抽水站,由于穿堤涵洞止水漏沙,致使长江大堤塌陷,造成1996年长江最大的决口事故。穿堤涵闸土石结合部由于其特殊的结构形式或回填土质量差、辗压不实等原因而常常成为薄弱地带,容易形成渗漏通道。这种渗漏初期对堤防的破坏或许是渐进式的,但渗透破坏达到一定程度就会加速发展,尤其对于土石结合部接触冲刷的发展更为迅速,严重影响堤防安全。由于这种渗透破坏初始过程大都隐藏在堤防内部,外界事先难以察觉,等到察觉时,已形成大险,抢护十分困难,因而土石结合部的渗透破坏具有隐蔽性、突发性和灾难性的特点。

在堤防涵闸土石结合部病险监测方面,位移、应力、渗流等一般采用常规的仪器和方法,例如渗压计、应变计、无应力等。通常这些现有的监测方法只能定点、定时对结构进行监测,虽然可以有效地反映某些点的应变,但不能对整个结构实施动态、连续的监测,使得在进行病险监测排查时易出现漏查、漏报的情况。因此,有必要研究如何借助先进的科学探测技术,快速有效地探查到堤防涵闸土石结合部的隐患部位,有的放矢地进行除险加固处理;同时,有必要利用先进监测技术预测、预报土石结合部的隐患发生、发展变化,提前发现险情而采取预先防护措施。

近年来兴起的BOTDA分布式光纤传感技术具有以下特点:防水、抗腐蚀和耐久性长,带宽大、损耗低、易于长距离传输,光纤的工作频带宽且光纤的传输损耗小(如1 550 nm光波在标准单模光纤中损耗只有0.2 dB/km),适合长距离传感和远程监控;其传感元件体积小、质量轻,测量范围广,便于敷设安装,将其植入监测对象中不存在匹配的问题,对监测对象的性能和力学参数等影响较小;光纤本身既是传感元件又是信号传输介质,可实现对监测对象的远程分布式监测。充分利用分布式光纤的这些优点,可以弥补堤防工程传统拉网式检查的不足,对重要堤防、穿堤涵闸土石结合部等部位进行形变与渗漏的监测。本项目拟在岗李水库堤防工程和龙湖防渗墙工程光纤监测推广应用的基础上,进一步对正在进行除险加固的赵口闸合理布设分布式光纤传感器,从而开展堤防工程土石结合部形变与渗漏光纤监测的应用研究,并依托该工程建立基于分布式光纤传感技术的堤防渗流、形变监测永久性示范基地。

11.3.2　项目概况

赵口闸位于中牟县境内,黄河南岸大堤公里桩号42 +675处,始建于1970年,为黄河下游引黄I级水工建筑物。该闸为16孔箱涵式水闸,共分三联,边联各5孔,中联6孔,每孔宽3.0 m、高2.5 m,设钢木平板闸门,15 t手摇电动两用螺杆启闭机。该闸基土主要为重壤土并有粉质砂壤土夹层,由开封地区水利局设计、施工,赵口闸管理处管理运用。设计引水流量210 m³/s,设计灌溉面积14.67万 hm²。

由于黄河河床逐年淤积,洪水位相应升高,闸的渗径不足,闸上堤身单薄,涵洞结构强度偏低,遂于 1981 年 10 月进行改建。改建内容为:旧涵洞加固补强,按原涵洞断面自旧涵洞出口向下游接长洞身 30.57 m;闸门更换为钢筋混凝土平板闸门,启闭机更换为 30 t 手摇电动两用螺杆启闭机;重建工作桥、交通便桥和启闭机房。

改建工程由河南黄河河务局规划设计室设计,河南黄河河务局施工总队施工。设计流量 210 m³/s,设计灌溉引水位 86.8 m;设计防洪水位 92.5 m,校核防洪水位 93.5 m。改建后建筑物总长 144.1 m,其中闸室和洞身段共长 68.57 m,闸身宽度为 55.0 m。西边分出 3 孔入三刘寨灌溉区,供中牟的万滩、大孟两乡灌溉用水;东边 1 孔供中牟的东漳、狼城岗两乡用水;中间 12 孔供开封灌溉放淤改土用水。

赵口闸纵剖面图及平面布置图如图 11-51 所示。

11.3.2.1　工程地质

赵口闸址地质,属于第四纪河流冲积层。勘探资料表明,闸址处地基层次复杂,大的土层可划分为四层。第一层即与基础接触层,为重粉质砂壤土,层底标高 75.0 ~ 80.0 m;第二层为重粉质壤土层,层底标高 73.0 ~ 77.0 m;第三层为较细的黏土,层底标高 68.5 ~ 72.0 m;第四层为细沙及中砂层,细砂层底标高 65.0 ~ 68.5 m,中砂层底标高在 62.0 m 以下(此层未打穿)。各层物理力学指标详见表 11-11。总体看来,地基比较松软,其中现在的闸身部位是 1970 年以前的老大堤部分,它已经过长期预压,有相当程度的固结,较坚硬,相比之下闸下游部分比较软弱。

表 11-11　地基土各层物理力学指标

土层		一	二	三	四
土的名称		重粉质砂壤土	重粉质壤土	黏土	细砂及中砂
土层标高		75.0 ~ 80.0 m	76.0 ~ 77.0 m	68.5 ~ 72.0 m	68.5 m 以下
含水量(%)		29.0	26.1	40.7	
干密度(g/cm³)		1.485	1.585	1.315	
饱和快剪指标	C_{uu}(kPa)	20.0	10.0	28.0	
	f_{uu}	32.2°	31.0°	9.1°	
固结快剪指标	C_{cu}(kPa)	2.0	5.0	10.0	
	F_{cu}	34.6°	31.7°	16.7°	
比重		2.70	2.72	2.74	
液限(%)		36	35	42	
塑限(%)		23.0	20.0	23.2	
塑限指数		13.0	14.5	18.8	
渗透系数(cm/s)		3.04×10^{-5}	4.67×10^{-6}	3.97×10^{-7}	
压缩系数(cm²/kg)		0.020	0.020	0.081	

11.3.2.2　除险加固措施

1. 上游翼墙

闸前两端翼墙原为干砌块石护坡,厚 30 cm,砂浆勾缝,目前有部分灰缝脱落。除险加固要求拆除重建,具体方案如下。

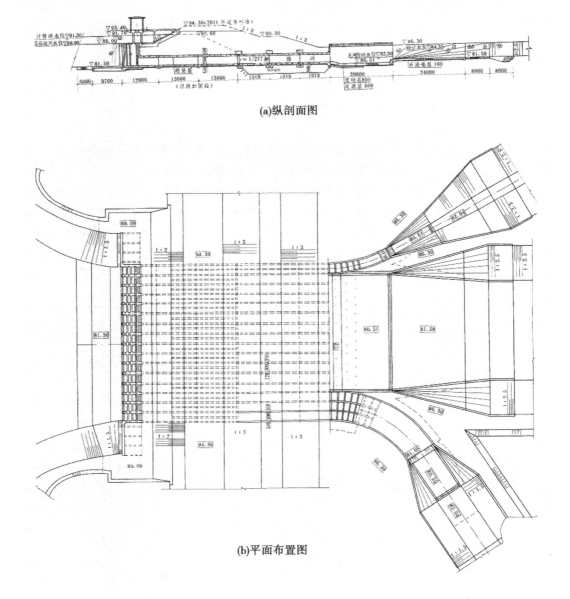

(a)纵剖面图

(b)平面布置图

图 11-51　赵口闸纵剖面图及平面布置图

翼墙采用浆砌石,坡比为 1:1.5,垂直厚度为 0.5 m;底部设底座,与铺盖齿墙相连,厚度为 0.6 m,前趾长度为 0.5 m;翼墙与原有黏土之间设 0.1 m 厚粗砂垫层和防渗土工膜。粗砂垫层采用人工手推车运至工作面,人工摊平夯实。砌石所用石料必须满足质量要求,质地坚硬、新鲜,上下两面大致平整,无尖角、薄边,单块质量不小于 25 kg;风化的山皮石、有裂纹的石块,禁止使用。浆砌石采用 M10 砂浆砌筑。砌体表面采用水泥砂浆进行勾缝,勾缝砂浆标号应高于砌体砂浆标号,宜用中细砂料拌制,灰砂比宜为 1:2。砌石料采用自卸汽车运输,材料直接在砌筑部位临近堆放,人工砌筑,坐浆法施工。砂浆采用 0.4 m³ 混凝土搅拌机拌制,1 t 机动斗车运输,人工铺浆摊平后砌筑块石。铺盖间、铺盖与翼墙和底板间、浆砌石翼墙与原扶臂翼墙间的所有缝内均设止水。

2. 上游铺盖

经安全鉴定,上游混凝土铺盖混凝土密实性较差,沉陷缝中止水失效、缝中的沥青也已老化变质,冒水严重。除险加固要求拆除重建,具体方案如下。

重建铺盖为钢筋混凝土结构,顺水流方向长度为 20.0 m,垂直水流方向宽度为 52.590 ~ 59.324 m,厚度为 0.5 m。顺水流方向和垂直水流方向两侧均设齿墙,深度为 0.5 m。为了减小地基不均匀沉降和温度变化的影响,顺水流方向设 4 道永久缝,垂直水流方向设 1 道永久缝。铺盖被 5 道永久缝分成 10 块,由 4 种不同尺寸铺盖组成,其中 1 号铺盖 2 块,2 号铺盖 2 块,3 号铺盖 3 块,4 号铺盖 3 块。铺盖 1 顺水流长度 9.99 m,垂直水流方向长边 11.652 m、短边 9.426 m;铺盖 2 顺水流长度 9.99 m,垂直水流方向长边 9.423 m、短边 8.285 m;铺盖 3 顺水流长度 9.99 m,垂直水流方向 11.98 m;铺盖 4 顺水流长度 9.99 m,垂直水流方向 11.98 m。与底板相连的铺盖施工时,应注意预留止水槽,铺盖底设 10 cm 厚的 C15 素混凝土垫层。

11.3.2.3　BOTDA 光纤传感技术在本试验中的应用

本项目中充分利用 BOTDA 传感技术分布式、长距离、高精度、耐久性好等特点,克服传统仪器只能够监测单个测点且不能够实时监测的不足,利用赵口闸除险加固工程,开展堤防工程土石结合部应变和渗漏光纤监测的应用研究。首先,在室内试验、岗李水库堤防工程以及郑东龙湖堤防工程光纤监测试验的基础上,进行了光纤选型,确定了本次试验采用的应变光纤和温度光纤。其次,通过与赵口闸除险加固施工方的沟通协调,利用施工间隔完成了光纤的敷设。在铺盖下方土体开挖清理的过程中,埋设了用于渗漏监测的温度光纤;接下来,采用开槽的方式,在土体上方的素混凝土中布置了用于监测铺盖变形的应变光纤,并用塑性混凝土将所开的槽填平封堵,这种开槽布设的方式保证了光纤与铺盖的共同变形。在翼墙敷设防渗土工布和浆砌石之前,敷设了用于翼墙变形监测的应变光纤,由于土工布与土体变形的协调性较好,能够很好地反映土体的变形,因此这里将光纤与上方的防渗土工布粘贴在一起,然后将铺盖下方埋设的温度光纤和应变光纤一同从翼墙上引出,如图 11-52 所示。最后,将敷设好的光纤均接入多通道信息采集盒中,进行数据的采集与分析。

11.3.3　前期准备

前期准备阶段,主要进行了光纤的选型、布设工艺及流程的设计。通过室内试验,一方面了解将要用到的光纤的一些基本参数及物理性能,比如中心频率、应变、温度曲线的敏感度、交叉影响等;另一方面了解试验用到的光纤的应变、温度传感特性及参数,研究光纤传感器的最佳工程埋设弯曲半径与应变、温度传感特性的关系,以及光纤的温度和应变标定。在室内试验的基础上,选择 Ⅱ 型光纤作为应变光纤,如图 11-53 所示,该型光纤外

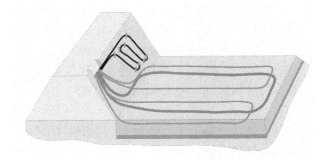

图 11-52　赵口闸光纤布设示意图

包层由塑料组成,应变灵敏度相对较高,内部的光纤和塑料棒搅合在一起适合测试应变;选择Ⅲ型光纤作为温度光纤,如图 11-54 所示,该型光纤内部由 5 根光纤组成,并有光纤油膏,以及填充物和两层的护套,对温度灵敏度高,适合测试温度。在确定了光纤类型后,进行了光纤布设方案的设计。

图 11-53　应变光纤(Ⅱ型光纤)

图 11-54　温度光纤(Ⅲ型光纤)

11.3.4　分布式传感光纤布设

11.3.4.1　光纤布设方法

应用分布式传感光纤进行监测,其传感光纤可以植入结构物里面,也可粘贴在结构物表面,即植入式和附着式。

1. 植入式

在实际工程中可能有两种布设方式:采用紧套光纤直接布置于混凝土垫层内;采用铝塑管等对光纤进行保护后布置于混凝土垫层内。但是由于光纤脆弱,可能由于施工受到损伤,甚至折断,故在实际工程中,应合理地设计光纤的保护方案与光纤的布设方案。这时也可以考虑使用光纤复合智能筋。光纤复合智能筋是将光纤与 FRP 材料复合成筋(将传感光纤布置到 FRP 材料当中),兼具受力与传感特性、集结构材料和功能材料于一体,具有工程布设简单、量程大、耐久性好、精度高、自动化等突出优点。

分布式光纤智能筋(内置式)布置示意图如图 11-55 所示。

2. 附着式

附着式一般有三种粘贴方式:一是定点黏着,二是全面黏着,三是 Ω 形定点黏着。全面黏着是将光纤完全贴附在墙面上,主要是针对对象的整体变形;定点黏着是将光纤每隔一定距离确定一个固定点粘贴在墙面上,以此来检测对象局部接缝处的变形;另外,为了监测到对象裂缝处的细微变形,在裂缝明显处按照 Ω 形定点黏着方式布置光纤。

全面黏着与定点黏着的示意图如图 11-56 所示。

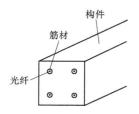

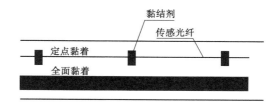

图 11-55　分布式光纤　　　　　图 11-56　光纤全面黏着、定点黏着示意图
智能筋(内置式)示意图

11.3.4.2　光纤续接要求

光纤焊接点的连接采用永久性光纤连接(熔接)。这种连接是用放电的方法将连根光纤的连接点熔化,并连接在一起。其主要特点是连接衰减在所有的连接方法中最低,典型值为 0.01 ~ 0.03 dB/点。但连接时,需要专用设备(熔接机)和专业人员进行操作,而且连接点也需要专用容器保护起来。光纤接续后应排列整齐、布置合理,将光纤接头固定、光纤余长盘放一致,松紧适度,无扭绞受压现象,其光纤余留长度不应小于 1.2 m。光纤接头套管的封合若采用热可缩套管,应按规定的工艺要求进行,封合后应测试和检查有无问题,并做记录备查。光纤终端接头或设备的布置应合理有序,安装位置须安全稳定,其附近不应有可能损害它的外界设施,例如热源和易燃物质等。从光纤终端接头引出的尾巴光纤或单芯光纤所带的连接器,应按设计要求插入光配线架上的连接部件中。如暂时不用的连接器,可不插接,但应套上塑料帽,以保证其不受污染,便于今后连接。光纤传输系统中的光纤跳线或光纤连接器在插入适配器或耦合器前,应用丙醇酒精棉签擦拭连接器插头和适配器内部,要求清洁干净后才能插接,插接必须紧密、牢固可靠。光纤终端连接处均应设有醒目标志,其标志内容应正确无误,清楚完整(如光纤序号和用途等)。

11.3.4.3　光纤布设方案

1. 铺盖下土体渗漏监测

经现场验证,原待拆除铺盖沿水流方向长度仅 10 m。原铺盖要向水流反方向外延 10 m 建设新铺盖,外延部分下部土体需要深挖回填处理,故在拆除原铺盖与建设新铺盖之间有机会将测温光纤敷设进去。如图 11-57 所示,ABCD 即为埋设的温度光纤。温度光纤敷设好后,进行素混凝土垫层的施工。最后温度光纤将和应变光纤一同从翼墙引到预留的光纤接口处。铺盖下土体渗漏监测长度为 110 m。

2. 上游铺盖变形监测

为监测上游铺盖变形,共敷设了两道光纤,即光纤 A 和光纤 B,如图 11-58 所示。A、B

两根光纤定义的传感器长度均为 105 m。为了减小地基不均匀沉降和温度变化的影响，铺盖顺水流方向设 4 道永久缝，垂直水流方向设 1 道永久缝。考虑到铺盖间有严格的止水要求，因此在监测上游铺盖变形时，并未在铺盖内部直接敷设光纤，而是在铺盖下方的素混凝土层表面切割出一条光纤槽段，将光纤敷设至槽段内，保证光纤敷设平顺并拉直，避免光纤损伤、断裂影响光纤损耗，降低测量精度，保证传感光纤的存活率。弯处的光纤段半径要大于光纤损坏直径。光纤敷设完毕后，用水泥浆对槽口进行封堵填平，再进行铺盖的浇筑。光纤的敷设过程如图 11-59 所示。

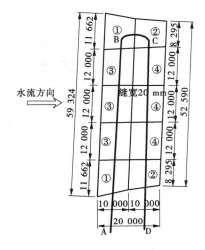

图 11-57　土体渗漏监测光纤布设示意图

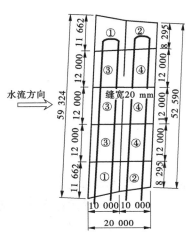

图 11-58　上游铺盖变形
监测光纤布设示意图

3. 翼墙土体变形监测

翼墙采用浆砌石铺筑，浆砌石与原有黏土之间设 0.1 m 厚粗砂垫层和防渗土工膜。土石结合部位为工程的薄弱部位，易产生不均匀的变形。因此，将光纤敷设在粗砂垫层上，从而对土石结合部位的土体变形进行监测。考虑到粗砂垫层为松散介质，光纤敷设在垫层表面要保证其弯曲半径，因此在光纤需要弯曲的位置放置光纤曲率保持夹。将曲率保持夹的下部分埋在粗砂垫层里，并将土体压实；将光纤平铺在粗砂垫层上，在需要弯曲的位置与支架上的曲率保持夹固定，从而保证了光纤的弯曲半径不会对试验造成不利的影响。光纤上方粘贴有防渗土工布，利用土工布与土体良好的变形协调性，使光纤测得的数值能够很好地反映土体的变形。翼墙土体变形监测长度为 90 m。如图 11-60 所示，在光纤弯曲的位置均设有曲率保持夹。

11.3.4.4　光纤保护方案

1. 光纤搬运及敷设中保护

（1）光纤在搬运及储存时应保持缆盘竖立，严禁将缆盘平放或叠放，以免造成光纤排线混乱或受损。

（2）短距离滚动光纤盘，应严格按缆盘上标明的箭头方向滚动，并注意地面平滑，以免损坏保护板而伤及光纤。光纤禁止长距离滚动。

(a)切槽

(b)布线

(c)槽口封堵

(d)铺盖浇筑

(e)光纤保护措施

(f)引至翼墙上方预留接口位置

图 11-59　光纤的敷设过程

（3）光纤在装卸时宜用叉车或起重设备进行,严禁直接从车上滚下或抛下,以免损坏光纤。

（4）敷设时应严格控制光纤所受拉力和侧压力,必要时应询问光纤相关机械强度指标。

（5）敷设时应严格控制光纤的弯曲半径,施工中弯曲半径不得小于光纤允许的动态

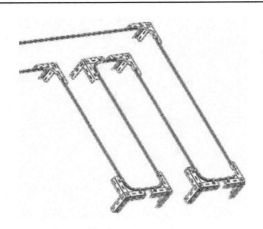

图 11-60　翼墙光纤布设示意图

弯曲半径。定位时弯曲半径不得小于光纤允许的静态弯曲半径。

（6）光纤穿管或分段施放时应严格控制光纤扭曲，必要时宜采用倒"8"字方法，使光纤始终处于无扭状态，以去除扭绞应力，确保光纤的使用寿命。

（7）光纤接续前应剪去一段长度，确保接续部分没有受到机械损伤。

2. 光纤敷设后保护

（1）做好护围措施。

（2）设立警示标志。

11.3.5　试验结果及分析

11.3.5.1　铺盖下土体渗漏监测

采用Ⅲ型光纤对铺盖下土体进行了三次温度测试，第一次是在光纤埋置于土体中之后，随即进行了温度测试；第二次是在钢筋混凝土铺盖浇筑后一段时间，且翼墙已施工完毕后（冬季）进行了温度测试；第三次是在水闸开始运行后（夏季）进行了温度测试。铺盖下土体温度测试曲线如图 11-61 所示。

定义的传感器长度为 160 m，即从 10～170 m。其中，35～145 m 的光纤位于铺盖下方的土体内；10～20 m、160～170 m 的光纤暴露在空气中；20～35 m、145～160 m 的光纤位于翼墙浆砌石下方的砂垫层内。从测试曲线对比可以看出，除第一次测试外，位于不同位置的光纤，其温度测试值有明显不同。而第一次测得的温度值整体都与气温接近，是由于光纤埋于土体中之后随即进行温度的测试，测得的温度反映了当时的气温，这也说明温度的传感有一定的滞后作用。第二次测试时，由于冬季气温较低，而土体内部温度较高，因此可以看出位于铺盖和翼墙下方的光纤温度测试曲线高于暴露在空气中的光纤温度测试曲线。同样，从夏季测试得到的温度曲线可以看出，铺盖和翼墙下方的光纤温度测试曲线低于暴露在空气中的光纤温度测试曲线，反映出了夏季空气温度高于土体温度的特点。从三次测试曲线可以看出，温度测试曲线变化平稳，无异常值，且通过现场实际检查也未发现渗漏异常，说明测试与实际情况相符，也证明了施工状态良好。

11.3.5.2　上游铺盖变形监测

采用Ⅱ型光纤对上游铺盖变形进行了三次测试，第一次是在素混凝土中开槽后，将光

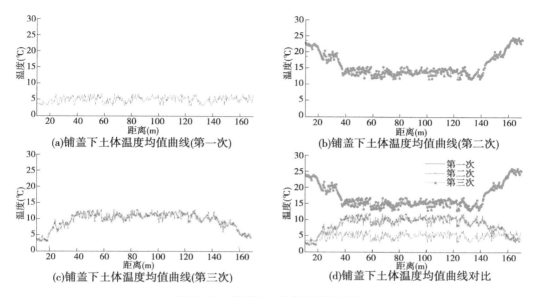

图 11-61　铺盖下土体温度测试曲线

纤敷设在混凝土槽中,光纤处于自由状态即进行了应变测试;第二次是在钢筋混凝土铺盖浇筑后一段时间,且翼墙已施工完毕后进行了应变测试;第三次是在水闸运行后进行的应变测试。

铺盖变形测试曲线如图 11-62、图 11-63 所示。

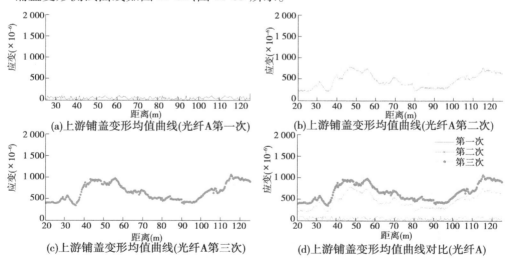

图 11-62　上游铺盖变形测试曲线(光纤 A)

定义传感器的长度为 20～125 m 的光纤均位于钢筋混凝土铺盖下方的素混凝土中。第一次测试时是将光纤自由放置在槽中,可以认为光纤没有受到应力应变的影响,因此将数据标定为零时,幅值围绕零上下波动,当对光纤进行变形测试时,此时测试的曲线就可以作为参考。对比第一次和第二次变形测试曲线可以看出,在浇筑过钢筋混凝土铺盖后,

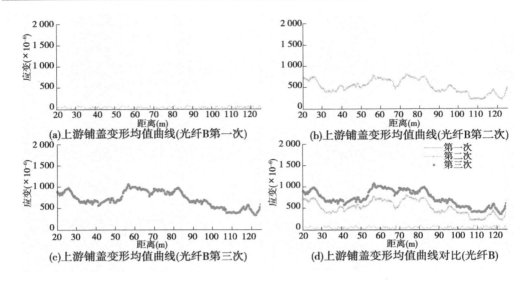

(a) 上游铺盖变形均值曲线(光纤B第一次)　　(b) 上游铺盖变形均值曲线(光纤B第二次)

(c) 上游铺盖变形均值曲线(光纤B第三次)　　(d) 上游铺盖变形均值曲线对比(光纤B)

图 11-63　上游铺盖变形测试曲线(光纤 B)

曲线形状发生了明显变化,这是因为铺盖作为一个均布荷载施加在光纤上,使光纤产生了应变。对比第二次和第三次变形测试曲线可以看出,水闸运行后,除了铺盖自重对光纤的作用,铺盖上方的水重也增加光纤上部的荷载,测试曲线出现了整体的增大。对比平行布设的 A、B 光纤测试曲线可以发现其变形规律基本一致,均是随着上部荷载的增大,沿光纤长度方向应变出现整体增大的趋势。不论是铺盖单独作用,还是铺盖和水流共同作用,光纤应变测试曲线未发现异常值,整体趋势变化平稳,符合变化规律。

11.3.5.3　翼墙土体变形监测

　　采用Ⅱ型光纤对翼墙土体变形进行了三次测试,第一次是在粗砂垫层铺好之后,还未铺设浆砌石之前,对布置好的光纤进行了应变测试;第二次是在浆砌石铺筑完成后随即进行光纤应变测试;第三次是在结构基本定型后进行变形测试。

　　翼墙土体变形测试曲线如图 11-64 所示。

　　定义传感器长度为 10 ~ 100 m,其中 20 ~ 85 m 长度的光纤位于翼墙浆砌石下方;10 ~ 20 m、85 ~ 100 m 的光纤暴露在空气中。由测试曲线可以看出,翼墙内外光纤的变形有明显差异。由第一次测试时是将光纤自由放置砂垫层上,可以认为光纤没有受到应力应变的影响,因此将数据标定为零时,幅值围绕零上下波动,当对光纤进行变形测试时,此时测试的曲线就可以作为参考。对比翼墙外未埋置的光纤与埋置在翼墙内光纤应变的区别,由第一次和第二次变形测试曲线可以看出,在铺筑过浆砌石后,曲线形状发生了明显变化,是因为浆砌石对光纤产生荷载,使光纤产生了应变;对比第二次和第三次变形测试曲线可以看出,后期的土体应变相对大一些。这是由于浆砌石铺筑初期,下方粗砂垫层相对比较松散,后期土体在自身重量以及块石荷载的作用下,结构逐渐紧凑,压实程度不断增大,因此应变值也较前一次的测量有所增大。图 11-64 中还存在两处应变较大的情况,这两个位置并不在光纤转弯处,排除了光纤弯曲半径的影响。经现场检查结构并无异常,初步判断可能是个别块石有尖锐部分,对光纤产生局部荷载,造成了局部应力突变,但并未影响结构整体的安全性。此外,检查这三次测试光纤转弯位置的应变值,并未出现异

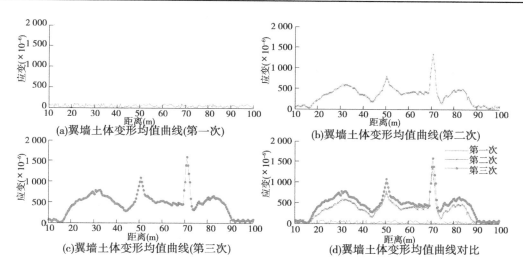

图 11-64　翼墙土体变形测试曲线

常,这也说明了光纤曲率调整架保证了光纤的弯曲半径,使测值并未受到光纤弯曲的影响。

11.4　基坑工程 SMW 桩光纤监测

11.4.1　应用背景

11.4.1.1　SMW 工法

　　SMW 工法是利用专门的多轴搅拌机就地钻进切削土体,同时在钻头端部将水泥浆液注入土体,经充分搅拌混合后,再将 H 型钢或其他型材插入搅拌桩体内,形成地下连续墙体,利用该墙体直接作为挡土结构和止水结构。其主要特点是构造简单,止水性能好,工期短,造价低,环境污染小,特别适合城市中的深基坑工程。

　　型钢水泥土搅拌墙是在连续套接的三轴水泥土搅拌桩内插入 H 型钢形成的复合挡水结构,简称 SMW 桩。常用的三轴搅拌桩直径有 650 mm、850 mm、1 000 mm 三种。SMW 桩主要用作地下明挖基坑的围护结构。

　　SMW 桩中的型钢的间距和平面布置形式应根据计算确定,常用的型钢布置形式有密插型、插二跳一型和插一跳一型 3 种,如图 11-65 所示。桩径为 650 mm 时,内插型钢常用截面尺寸有 H500 mm × 300 mm、H500 mm × 200 mm;桩径为 850 mm 时,内插型钢常用截面尺寸有 H700 mm × 300 mm;桩径为 1 000 mm 时,内插型钢常用截面尺寸有 H850 mm × 300 mm 等。

　　采用 SMW 桩的优点:

　　(1)相邻施工段的搅拌桩水泥加固土体彼此重合,具有良好的止水性及挡土性。

　　(2)施工工艺简单、速度快,可有效缩短工期。

　　(3)施工成本低,成本仅为地下连续墙的 40% ~ 50%。

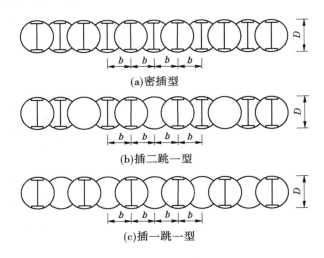

图 11-65　型钢布置形式

（4）施工震动小、无明显噪声，产生残土少、无泥浆等二次污染，对环境影响小，有利于环保。

（5）因插入水泥搅拌桩中的 H 型钢可以回收再利用，同时施工过程中未使用混凝土，可以达到节约能源的目的。

（6）环境污染小，传统工艺都有大量泥浆外运。

11.4.1.2　基坑监测技术发展现状

由于地下工程施工和后期运营期监测具有工作量巨大、范围广、要求高和周期长等特点，常规监测技术已经很难或者根本无法满足监测需要，因而非常有必要引进和研发新的、受环境因素影响小，以及具有大范围、耐久性和长期稳定性好的远程监测技术和方法与之适应，弥补常规监测技术的不足，为工程的动态风险评估提供精确、可靠的监测数据。

传统的一些监测技术，例如测斜仪、应变片、全站仪、数字近景摄影方法等测量手段都可以对支护结构进行监测，可以监测到结构的变形，但都存在一定的缺陷。

测斜仪通过条件假设和数据分析计算可以得出结构位移，但存在以下 5 点缺陷：

（1）测斜仪所测量的实际上是土体的倾斜变形，而并非支护结构，测得的数据和真实变形有差距。

（2）测斜管在土体中容易受到施工的影响，经常会出现某个测点破坏的情况，造成该测点数据作废、材料的浪费以及经济的损失。

（3）监测的时间受到限制，不能对结构进行实时的监测。

（4）由于仪器埋设在土体之中，数据的采集必须在测点进行，所以不能实施结构的远程监测。对于现在使用的其他一些传统监测技术同样存在这样的问题。

（5）测斜仪只能测量一个方向上的变形，但实际情况中可能存在各个方向上的变形，会严重影响既定方向上的测量结果，有时甚至出现扭转。

应变片传感器作为一种传统的监测手段，在对支护结构进行监测时，也存在以下一些问题：

（1）温度变化对应变片的所有性能都有显著的影响，其中最重要的一类是应变片由温度变化引起的虚假输出,通常称为视应变或虚假输出,现今称热输出。另外一类是温度变化引起应变片灵敏度系数的变化,温度补偿片并不能准确地消除温度的影响,同时在复杂的土体环境中,施工对应变片测量的影响也会很大。

(2)应变片对支护结构的监测是点式的,只能有效地反映某些点的应变,而不能对整个结构实施有效地监测。

(3)使用应变片时存在电流,电流会受到周围环境的影响,造成测得的数据不稳定和失准。

(4)应变片存在零漂移问题,至今还无法解决。

使用全站仪监测围护结构顶部水平位移时,也存在一些缺点:

(1)由于在室外操作受到了天气的限制,监测工作有时会中断,不能及时反馈结构变化信息。

(2)由于全站仪本身的测量原理,它只能测量少量的点。

传统的地面摄影测量技术在变形监测中的应用虽然起步较早,但是由于摄影距离不能过远,加上绝对精度较低,使得其应用受到局限。尽管从原理上讲,常规摄影测量可用于各种目的的测绘,但它也存在一定的局限性:设备过于专业化、价格昂贵;所需工作环境在工程中往往难以满足,如地下空区测量既难以设置摄站,又不易布设控制;数据处理技术复杂;数据处理周期长、信息反馈慢等,因而该法难以推广。

基坑工程监测是一个长期的过程,不等于其他技术工作,同时由于其他不确定因素的影响,所以在工作过程中要求监测人员能及时掌握监测信息,并将信息反馈于施工生产,及时调整施工参数,从而协调施工对周边环境的影响,保证施工生产安全。根据基坑工程的特点,监测技术是保证施工安全的重要手段。由于现有监测方法只能定点、定时对深基坑工程进行监测,而不能满足其动态、连续过程,在综合基坑主要失效形式以及传统监测方法,并吸收其他工程监测方法的基础上,提出使用光纤传感器以及计算机成像等先进监测技术与实时监测的思路,为进一步开拓基坑工程监测领域打下基础。

11.4.1.3　BOTDA 分布式光纤传感技术

目前,国内外应用于地下工程监测的技术和方法主要从传统的点式仪器监测向分布式、自动化、高精度和远程监测的方向发展。近年来兴起的 BOTDA 分布式光纤传感技术具有以下特点:

(1)防水性、抗腐蚀性和耐久性强。

(2)其传感元件体积小、质量轻,测量范围广,便于敷设安装,将其植入监测对象中不存在匹配的问题,对监测对象的性能和力学参数等影响较小。

(3)光纤本身既是传感元件又是信号传输介质,可实现对监测对象的远程分布式监测。

因此,利用 BOTDA 技术对 SMW 工法桩进行实时变形监测,可以有效地克服传统监测技术的不足,不失为常规基坑监测手段以外的有益补充。

本项目旨在实现对 SMW 工法桩的智能监测:以 BOTDA 技术为基础,通过布设分布式光纤,对普通 SMW 工法桩(受力芯材为 H 型钢)进行智能化改造,使之能够在基坑开挖过程中自动获取 H 型钢翼缘应变,然后通过一定的算法计算出桩身弯矩、挠度等受力变形数据。在室内试验的基础上,通过对某大型厂房深厚软土基坑的实例分析,验证该技术良好的现场适应性、温度自补偿、远程分布式测量等优点。

11.4.2　项目概况

某大型厂房建于深厚软土地基上,地基土主要以淤泥和淤泥质土为主,土体力学性质较差,详见表 11-12。

表 11-12　地基土物理力学性质指标

土层编号	土层名称	层底埋深(m)	ρ_0(g/cm³)	ρ_d(g/cm³)	w(%)	Gr	e	Sr(%)	Ir	C(kPa)	φ(°)
1	吹填砂	2.0	—	—	—	—	—	—	—	—	—
2	淤泥	20.6	1.61	1.02	57.8	2.63	1.59	95.6	1.58	7.9	5.3
3	粉土	23.1	1.96	1.61	21.8	2.67	0.66	87.6	1.11	16.6	15.8
4	淤泥质土	28.9	1.72	1.19	55.7	2.65	1.29	95.7	1.29	15.16	8.25

基坑采用 SMW 工法施工(见图 11-66),基坑底面挖深 11 m,水平方向上设有 3 道支撑,H 型钢长 24 m(参数详见表 11-13),其中桩顶部分有 1.2 m 在地面以上。

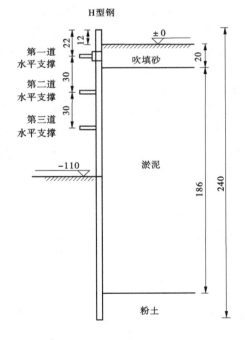

图 11-66　基坑开挖示意图　(单位:m)

表 11-13 H 型钢参数

H 型钢高度（mm）	488
H 型钢宽度（mm）	300
H 型钢长度（m）	24
翼缘厚度（mm）	18
腹板厚度（mm）	11
弹性模量（GPa）	210
钢材型号	Q235

本项目是对其中的四号基坑型钢进行实时监测，从 2011 年 8 月 20 日开始至 2012 年 1 月 30 日结束，具体分为 3 个阶段：

（1）前期准备阶段。在这个过程中主要进行了光纤布设工艺的确定以及原材料的选定。

（2）安装阶段。在这个过程中主要进行了光纤的敷设以及型钢下桩、光纤接入等。

（3）监测阶段。在这个过程中进行了一周 3 次的数据采集，数据量丰富并且准确，然后是数据的处理和分析。

如图 11-67 所示，在 P34、P35、P36、P37、P38、P39 等 6 个位置处设置了被监测的型钢，并且在这 6 根型钢的旁边土体中插入了斜测管传统测量手段，以便与光纤测量的数据进行对比。

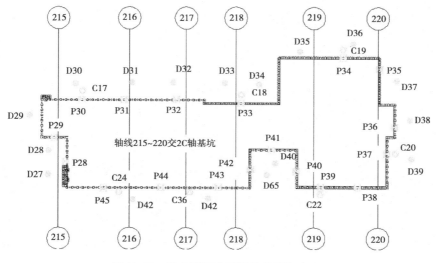

图 11-67 某大型厂房四号基坑型钢布设

被测的 6 根型钢在四号基坑中的布设位置以及光纤敷设路线见图 11-68，四号基坑布设现场见图 11-69。

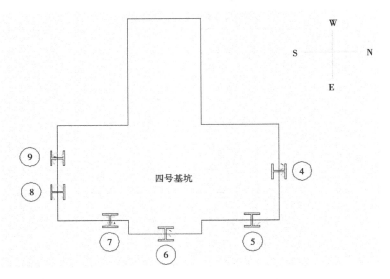

图 11-68　四号基坑中被测的 6 根型钢光纤接入

(a)四号基坑全图

(b)四号基坑北面现场情况

(c)被测型钢(高出其他型钢1 m)

(d)第二道支撑

图 11-69　四号基坑布设现场

11.4.3　实施过程

在普通 SMW 工法桩(通常是 H 型钢)的基础上,运用光纤传感网络技术进行智能化改造,使 SMW 工法桩具有自我感受力变形状态的智能功能,能在基坑开挖过程中返回应变、弯矩、位移等反映 H 型钢受力变形状态的数据。具体实施过程分为以下 3 个阶段。

11.4.3.1　前期准备阶段

在前期准备阶段(2011 年 8 月 20 日至 8 月 27 日),主要进行了材料的准备以及光纤的布设工艺和流程的商定,最后决定采用直径 0.9 mm 和 0.6 mm 的两种光纤进行敷设。采用结构胶,使光纤与结构紧密的结合在一起。这种全面黏着的附着式布设方法保证了光纤与结构的同步变形。在前期准备阶段,开展了室内试验如图 11-70 所示,经过了率定、结构胶选型等一系列准备工作之后,才进行了现场光纤的安装。

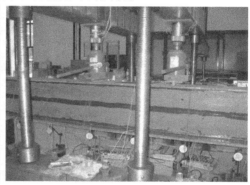

图 11-70　室内试验加载过程

11.4.3.2　分布式传感光纤布设

在 2011 年 8 月 28 日至 11 月 15 日,本项目原计划采用 6 根型钢进行光纤的敷设,但是由于敷设过光纤的型钢破坏较为严重,光纤出现断裂[见图 11-71(a)],严重影响测量数据,因此最后决定在原方案的基础上,再增加 3 根型钢进行光纤的敷设,并且在型钢上加钢筋以便对光纤进行保护[见图 11-71(b)]。

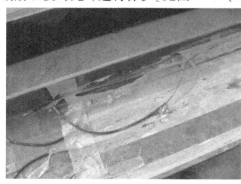

(a)光纤断裂　　　　　　　　　　　　　　(b)新增型钢加钢筋保护

图 11-71　试验方案更改

如图 11-72 所示,光纤沿 H 型钢轴向共敷设了 4 条光纤传感回路,分别是 1 - 1′、2 - 2′、3 - 3′和 4 - 4′,其中 1 - 1′和 4 - 4′是敷设在翼缘两边,而 2 - 2′和 3 - 3′敷设在翼缘与腹板的夹角处。以 2 - 2′回路为例,光纤由桩顶开始沿 H 型钢轴向敷设,在桩底部拐弯180°再沿轴向返回桩顶,从而形成一进一出的光纤传感回路。

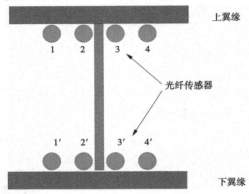

图 11-72 光纤布设原理

具体实施方法是:首先对 H 型钢表面进行了清理,然后开始在型钢上面进行光纤的敷设以及接头的制作,最后在型钢上形成如图 11-72 所示的光纤回路,具体敷设过程见图11-73。

光纤在型钢上敷设好以后,接着是将型钢运抵施工现场进行下桩,具体下桩过程见图 11-74。

11.4.3.3 数据采集与分析阶段

从 2011 年 9 月 16 日至 2012 年 1 月 20 日,当光纤在型钢上布设好以后,利用拖车将型钢运送至现场下桩,然后将光纤与型钢上的跳线进行连接,最后连入仪器进行数据的采集(见图 11-75)。在数据采集室与基坑之间采用了下埋预制空心管桩的做法,将光纤引入室内,方便数据的采集。

本项目采用的是四芯光纤,分别为白、绿、蓝、橙四种不同的颜色。用光纤接续盒将光纤里的光纤与跳线连接后,接着和型钢上的光纤连接。此处采用的是白进绿出、蓝进橙出的接线方式。从测量开始,每周进行 3 次测量,以保证数据的丰富性与实时性。

数据处理:BOTDA 所测量到的分布式传感光纤应变数据,是针对桩身某特定位置(如翼缘与腹板夹角处)的变形,在中性面位置不确定的情况下,不能代表桩身整体的变形状态,更加不能成为计算桩身弯矩、挠度的依据,因此必须经过一系列的数据处理,以消除中性面位置不确定的影响。另外,基坑监测周期一般长达数月,周围环境温度变化较大,必须进行温度补偿,以消除温度场变化的影响;针对环境影响较大、信号噪声过强的问题,还需要对应变数据进行算法拟合,以消除信号噪声。在此过程中,主要运用了 Originlab8、Matlab7.0 软件进行了数据的分析与处理。通过 Originlab8 对数据进行取样及绘图的分析;运用 Matlab7.0 自编程序对数据进行精确处理,细化数据。例如,通过 Matlab7.0 自写拟合程序,将由仪器采集的数据进行拟合,以消除其他因素对数据准确性造成的影响;通过 Matlab7.0 自写温度补偿程序,消除温度场变化对数据造成的影响等。

(a)放线　　　　　　　　　　(b)布线

(c)定线　　　　　　　　　　(d)刷胶

(e)贴布　　　　　　　　　　(f)接头熔接

(g)接头保护　　　　　　　　(h)桩底保护

图 11-73　光纤在 H 型钢上的具体敷设过程

(a)起吊 　　　　　　　　(b)装运

(c)卸桩 　　　　　　　　(d)刷减摩剂

(e)吊桩 　　　　　　　　(f)下桩

图 11-74　型钢下桩过程

11.4.4　室内试验

11.4.4.1　试验内容

光纤沿 H 型钢轴向布设在翼缘以及翼缘与腹板的夹角处,采用环氧树脂作为黏合剂与 H 型钢表面全面黏接,通过测量 H 型钢各部位的轴向应变分布,来分析 H 型钢的受弯变形状态,见图 11-76。

(a)光纤接入被测型钢　　　　　　　　　(b)光纤进入地下预制空心管桩

(c)光纤接入数据采集室　　　　　　　　　(d)数据采集室

图 11-75　光纤数据采集过程

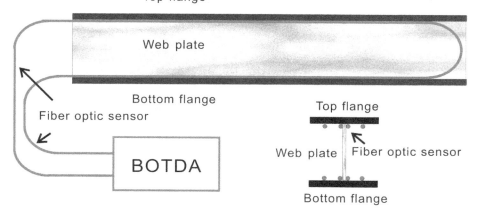

图 11-76　光纤布设示意图

　　在现场试验开始之前,首先在室内进行了 H 型钢的受弯变形试验,目的是确定分布式传感光纤测量的应变值与 H 型钢真实应变值之间的相关性,寻找光纤敷设的最佳位置。室内试验对一根 4 m 长的 H 型钢进行了简支梁 4 点弯加载。如图 11-77 所示,中间 2 点集中荷载离 H 型钢中点 0.430 m,2 点间距离 0.86 m,加载分 4 级,总荷载为 60 kN、240 kN、420 kN、600 kN。为了验证光纤应变数据的准确性,分别在 1~7 号断面(0.5 m、

1 m、1.5 m、2 m、2.5 m、3 m、3.5 m)处粘贴电阻应变片,作为对比。

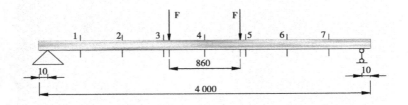

图 11-77　室内 H 型钢试验　(单位:mm)

11.4.4.2　数据分析

1.光纤测量数据与应变片测量数据对比

应变测量数据显示,在各级荷载作用下光纤所测量的 H 型钢应变与电阻应变片的测量值非常接近,见图 11-78。

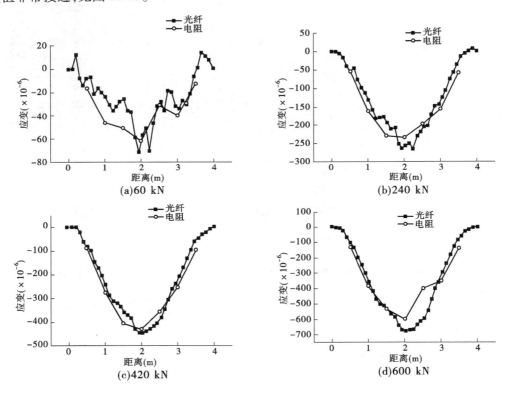

图 11-78　光纤应变数据与电阻应变的测量值对比

从光纤与应变片测量数据的对比分析,两者在同一位置处所测量的应变值相差在 50 $\mu\varepsilon$ 左右,在允许误差范围之内,除了在 600 kN 荷载作用下第 5 截面处的应变片与光纤测量值的差异较大。对该处应变片的测量值进行分析,发现其与附近应变片的变形规律不一致,因此这种差异是由于应变片测量误差所致,而不是光纤测量的错误。与应变片测量数据相比,光纤测量值更加符合 H 型钢变形规律。对于应变片,其测量的数据是点式的,而光纤测量的数据是连续的,因此相比于应变片测量,光纤测量更加适用于一些变形连续稳定的结构。从图 11-78 中也可以看出,光纤的数据变化比较稳定,而应变片的数据跳跃性就比较大。

2. 上下翼缘应变测量值分析

敷设在翼缘与腹板夹角处的光纤应变分布,上下翼缘的应变测量值以 $y = 0$ 为对称轴,波形相互对称,符合 H 型钢受四点弯作用的变形规律。

翼缘与腹板夹角处上下光纤的应变测量值之间的差异在 50 $\mu\varepsilon$ 左右,在误差范围之内,见图 11-79。这说明在此处结构的变形稳定,光纤的测量值也就显得比较稳定,反映了光纤测量时的准确性。

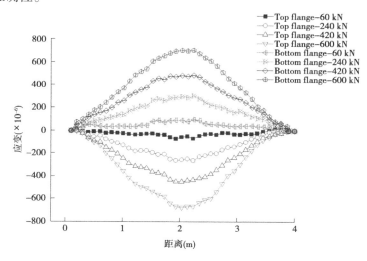

图 11-79　翼缘与腹板夹角处的光纤应变测量值

图 11-80 显示的是敷设在翼缘上的光纤应变分布,下翼缘的应变测量值波形不规律,且不能与上翼缘的应变测量值相对称,两者测量值之间的差异在 70 $\mu\varepsilon$ 左右,这主要是因为翼缘在荷载作用下发生了附加变形。结构的附加变形造成的上下翼缘测量数据的不对称,光纤测量值直接就能反映出来,这更加说明了光纤对变形的敏感性,反映了其在测量结构变形时的准确性。

3. 加强型光纤与普通光纤测量值对比

在未受到翼缘附加变形干扰的情况下,加强型光纤和普通光纤在翼缘与腹板夹角处的测量值非常接近,两者之间的测量值差异在 30 $\mu\varepsilon$ 左右。图 11-81 显示的是两种光纤的结构示意图。

虽然加强型光纤比传统普通光纤多了外侧的保护层,但是由于两种光纤都是通过环氧树脂与结构紧密地贴合在一起的,这就保证了光纤与结构变形的同步性,结构变形时光纤也跟着同时变形,所以两种光纤测量数据相差不大,加强型光纤并没有因为外层保护而失去其应变测量的敏感性,见图 11-82 和图 11-83。这说明光纤的保护结构对测量结果影

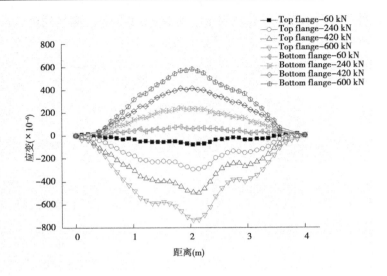

图 11-80　翼缘处光纤应变测量值

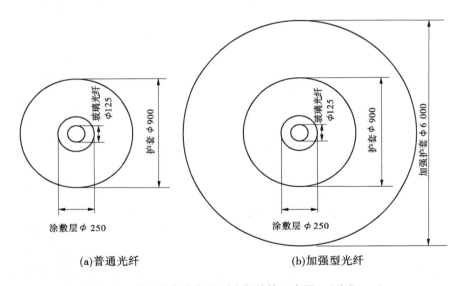

(a)普通光纤　　　　　　　　　　　　(b)加强型光纤

图 11-81　普通光纤和加强型光纤结构示意图　（单位:cm）

响不大。

4. 实测弯矩和挠度曲线与理论曲线对比

通过普通光纤和加强型光纤的应变测量值,可以计算出弯矩和挠度,与理论计算弯矩和挠度非常接近(见图 11-84 ~ 图 11-86)。

在跨中处,加强型光纤应变计算出的弯矩测量值与理论值的差异大概在 2.5%,普通光纤应变计算出的弯矩测量值与理论值的差异大概在 3.8%。

在跨中处,加强型光纤应变计算出的挠度测量值与理论值的差异大概在 1.4%,普通光纤应变计算出的挠度测量值与理论值的差异大概在 2.8%。

产生上述差异的原因是理论计算时 y 值用的是翼缘外边缘到腹板中心处的距离,而

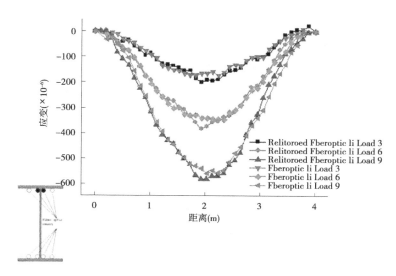

图 11-82　上翼缘与腹板夹角处加强型光纤与普通光纤的应变对比

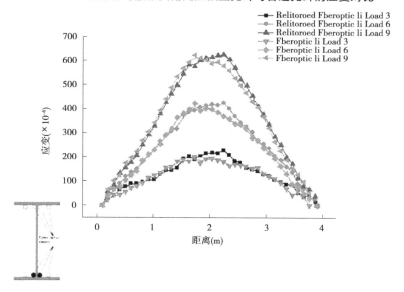

图 11-83　下翼缘与腹板夹角处加强型光纤与普通光纤的应变对比

实际上由于光纤外层护套厚度的影响,y 值会因此而减小,这就导致了试验值与理论值的差异。通过计算,因为 y 值而产生的弯矩和挠度差异与上述误差相近,这也说明了光纤测量值的准确性,见图 11-84。

同时还通过 Ansys 软件建立了 4 点弯理论分析模型。首先建立工字型钢的实体模型,采用 8 节点的六面体对其进行网格划分(见图 11-87),分别在距离两端 0.1 m 处施加约束,同时分别在距两端 1.6 m 处施加 100 kN/m 的线荷载,之后进行计算,对结果分析处理。通过分析其变形趋势(见图 11-88),发现同光纤测量的数据很接近,这也说明了光纤测量数据的准确性。

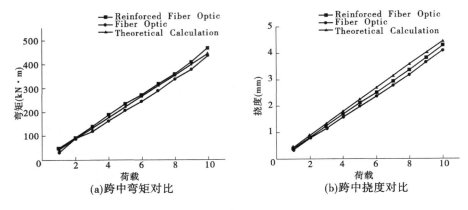

图 11-84　光纤应变数据得出跨中弯矩和挠度值

(a)跨中弯矩对比　　　　　　　　(b)跨中挠度对比

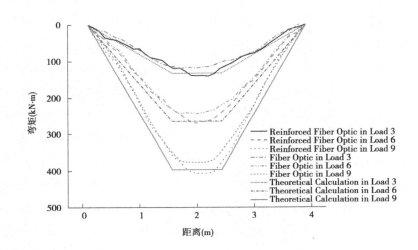

图 11-85　实测应变值换算后得到的弯矩与理论计算的弯矩对比

11.4.5　现场试验及结果分析

11.4.5.1　数据分析算法

1. 确定中性面位置

SMW 工法桩由于受到桩身材料性质不均匀等因素的影响,中性面位置并不一定与腹板中心重合。因而,在不能确定其位置的情况下,必须通过数据处理的方法来回避中性面位置在计算桩身弯矩、挠度中的作用。

假定以桩身轴线为 x 轴,在桩身某截面处,如图 11-72 中 2 号和 2′号光纤相对于中性面的距离分别为 y_2 和 $y_{2'}$,那么根据式(11-3)和式(11-4)可推导出式(11-5):

$$M(x) = \frac{I_z E \varepsilon_{2\varepsilon}(x)}{y_2(x)} = \frac{I_z E \varepsilon_{2'\varepsilon}(x)}{y_{2'}(x)} \tag{11-3}$$

$$Y(x) = y_{2'}(x) - y_2(x) \tag{11-4}$$

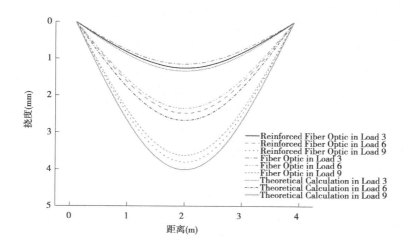

图 11-86 实测应变值换算后得到的挠度与理论计算的挠度对比

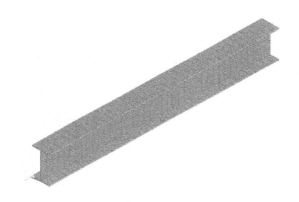

图 11-87 网格划分模型

$$M(x) = \frac{I_z E \left[\varepsilon_{2'_\varepsilon}(x) - \varepsilon_{2_\varepsilon}(x) \right]}{Y(x)} \tag{11-5}$$

式中：$M(x)$ 为某截面处桩身弯矩；I_z 为桩身截面惯性矩（桩身各截面基本一致）；E 为桩身材料弹性模量（桩身各截面基本一致）；$\varepsilon_{2_\varepsilon}(x)$ 为某截面处 2 号光纤受结构作用而产生的真实应变；$\varepsilon_{2'_\varepsilon}(x)$ 为某截面处 2′号光纤受结构作用而产生的真实应变；$Y(x)$ 为某截面处 2 号与 2′号光纤之间的距离。

因此，虽然不能确知中性面的位置，但 2 号与 2′号光纤之间的距离是可以通过精确测量得到的，从而可以计算出某截面处桩身所受的弯矩。又因为 2 号与 2′号光纤都是敷设在翼缘与腹板夹角处，两条光纤基本保持水平。因此 $Y(x) = Y$，式（11-5）简化成为式（11-6）：

$$M(x) = \frac{I_z E \left[\varepsilon_{2'_\varepsilon}(x) - \varepsilon_{2_\varepsilon}(x) \right]}{Y(x)} \tag{11-6}$$

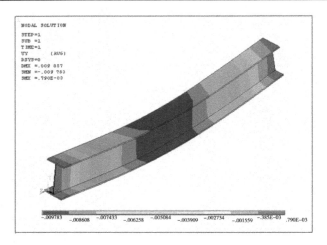

图 11-88　工字型钢变形云图

根据式(11-6)得出的弯矩分布,可以由式(11-7)计算桩身挠度分布:

$$I_z E y_D(x) = -\int \left[\int M(x) \mathrm{d}x \right] \mathrm{d}x + Cx + D \qquad (11\text{-}7)$$

式中:y_D 为某截面处的挠度;C 和 D 为根据边界条件所确定的参数。

2. 温度自补偿

BOTDA 的测量值包含了温度和应变的共同影响,假定 BOTDA 的测量值为应变测量值,则该应变测量值由两个部分组成:

$$\varepsilon_c = \varepsilon_\varepsilon + \varepsilon_t \qquad (11\text{-}8)$$

式中:ε_c 为 BOTDA 对光纤的应变测量值;ε_ε 为光纤受结构变形而产生的真实应变;ε_t 为环境温度变化造成测量值上的假应变。

因此,式(11-6)可以改写成为

$$M(x) = \frac{I_z E \{ [(\varepsilon_{2'c}(x) - \varepsilon_{2't}(x)] - [\varepsilon_{2c}(x) - \varepsilon_{2t}(x)] \}}{Y} \qquad (11\text{-}9)$$

在同一个温度场环境内的不同光纤(如 2 号光纤和 2′号光纤),虽然由于结构变形的差异而在 ε_ε 上有所不同,但它们的 ε_t 是相同的。因此,式(11-9)可以改写成为

$$M(x) = \frac{I_z E [\varepsilon_{2'c}(x) - \varepsilon_{2c}(x)]}{Y} \qquad (11\text{-}10)$$

因此,在计算桩身弯矩时可以通过两条翼缘上光纤应变测量值的差值来进行温度补偿,而不需要另外敷设专用的温度补偿光纤,从而实现了 SMW 工法桩的温度自补偿功能。

3. 多项式拟合

受到测量仪器算法、测量环境等多方面因素影响,分布式应变数据通常表现为连续的不平滑曲线。为了消除这种不平滑性,可以采用多项式拟合的方法对分布式应变曲线进行数据拟合:

$$s_f = p_1 x^{15} + p_2 x^{14} + p_3 x^{13} + \cdots + p_n x^{16-n} + \cdots + p_{15} x + p_{16} \qquad (11\text{-}11)$$

式中:s_f 为经过拟合的分布式应变曲线;$p_i(i = 1, \cdots, 16)$ 为由应变测量值得到的系数。

11.4.5.2　试验结果

1. 四号桩试验结果

图 11-89 显示了 H 型钢基坑内侧翼缘在基坑开挖过程中的应变分布曲线,应变监测长度为 24 m。图中纵坐标代表 H 型钢由桩顶(坐标为 0)到桩底(坐标为 –24 m)的距离,横坐标则是对应 H 型钢坐标位置、经过多项式拟合后的光纤应变数据。

根据这组应变分布曲线,可由式(11-7)计算出 H 型钢桩身的弯矩分布(见图 11-90)。假定桩底位移为 0、桩顶水平位移可由全站仪精确测量,则可由式(11-8)计算出其桩身的挠度分布(见图 11-91)。

为了验证光纤监测 SMW 工法桩的可靠性,试验中还在桩身附近埋设了测斜管,同步测量与 H 型钢位置相对应的土体水平位移。

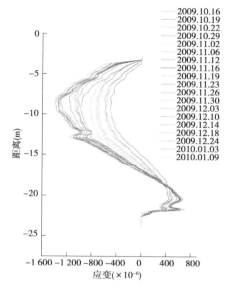

图 11-89　四号 H 型钢基坑内侧应变分布

图 11-92 显示了 2011 年 10 月 28 日两种测量方法所得到的数据曲线,图形显示分布式光纤测量的 H 型钢挠度与土体水平位移具有相似性。这在一定程度上也证明了分布式光纤测量数据反应的 H 型钢受力变形状态,与真实情况相符。

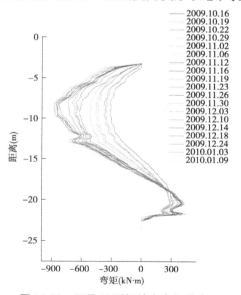

图 11-90　四号 H 型钢桩身弯矩分布

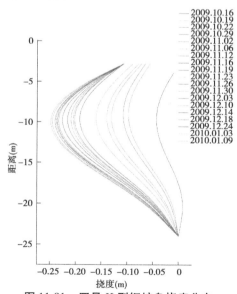

图 11-91　四号 H 型钢桩身挠度分布

2. 五号桩试验结果

图 11-93 显示了 H 型钢基坑内侧翼缘在基坑开挖过程中的应变分布曲线,应变监测长度为 24 m。图中纵坐标代表 H 型钢由桩顶(坐标为 0)到桩底(坐标为 –24 m)的距离,横坐标则是对应 H 型钢坐标位置、经过多项式拟合后的光纤应变数据。

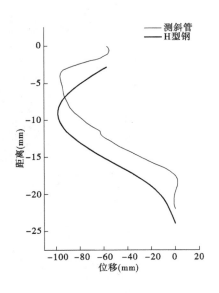

图 11-92　测斜数据与 H 型钢挠度对比

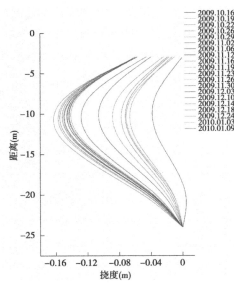

图 11-93　五号 H 型钢基坑内侧应变分布

根据这组应变分布曲线，可由式(11-7)计算出 H 型钢桩身的弯矩分布(见图 11-94)。假定桩底位移为 0、桩顶水平位移可由全站仪精确测量，则可由式(11-8)计算出其桩身的挠度分布(见图 11-95)。

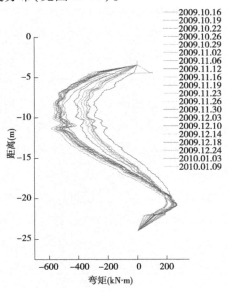

图 11-94　五号 H 型钢桩身弯矩分布

图 11-95　五号 H 型钢桩身挠度分布

图 11-96 显示了 2011 年 10 月 28 日斜测管与分布式光纤测量方法所得到的数据曲线，图形显示分布式光纤测量的 H 型钢挠度与土体水平位移具有相似性。

由四号、五号桩数据图可以看出，四、五号桩受力区间稍小，这与现场的情况很相符，因为在四、五号桩附近基坑只开挖了 5～6 m,这说明光纤的数据真实地反映了基坑现场的情况。

3.六号桩分析

图 11-97 显示了 H 型钢基坑内侧翼缘在基坑开挖过程中的应变分布曲线,应变监测长度为 24 m。图中纵坐标代表 H 型钢由桩顶(坐标为 0)到桩底(坐标为 -24 m)的距离,横坐标则是对应 H 型钢坐标位置、经过多项式拟合后的光纤应变数据。

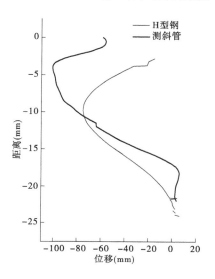

图 11-96　测斜数据与 H 型钢挠度对比

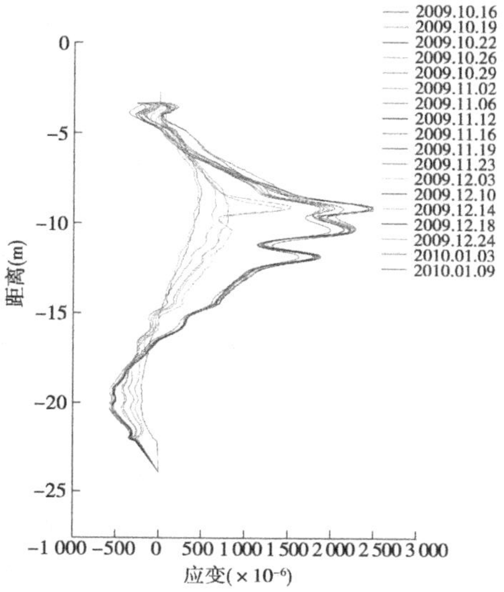

图 11-97　六号 H 型钢基坑内侧应变分布

根据应变分布曲线,可由式(11-7)计算出 H 型钢桩基的弯矩分布(见图 11-98)。假定桩底位移为 0、桩顶水平位移可由全站仪精确测量,则可由式(11-8)计算出其桩身的挠度分布(见图 11-99)。

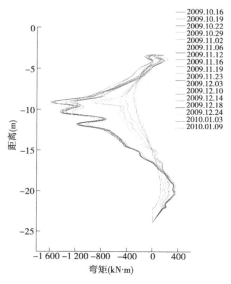

图 11-98　六号 H 型钢桩身弯矩分布

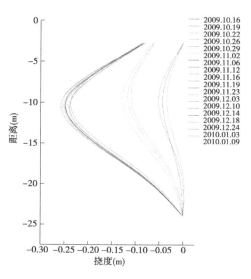

图 11-99　六号 H 型钢桩身挠度分布

　　从六号型钢的应变、弯矩、挠度分布图中可以看出,2009 年 10 月 29 日以后的测量数据在型钢 10 m 左右处有一个突变,这说明型钢在此处有较大的变形,根据现场的情况也可以看出在六号桩的冠梁处出现了较大的裂缝。根据详细分析,及时将此情况反馈给了施工方,施工方根据现场情况以及相关数据分析,最后是在六号桩下加了 1 道水平支撑用来保护桩体(见图 11-100)。

图 11-100　六号型钢附加水平支撑

　　为了验证光纤监测 SMW 工法桩的可靠性,试验中还在桩身附近埋设了测斜管,同步测量与 H 型钢位置相对应的土体水平位移。图 11-101 显示了 2011 年 10 月 28 日两种测量方法所得到的数据曲线,图形显示分布式光纤测量的 H 型钢挠度与土体水平位移具有相似性。这在一定程度上也证明了分布式光纤测量数据反应的 H 型钢受力变形状态,与真实情况相符。

　　4.七号桩试验结果

　　在对 SMW 工法桩进行光纤智能监测时,每一组应变测量值都包含了两条应变曲线(采样间距为 0.1 m),分别对应于两条位于 H 型钢两个对称翼缘与腹板夹角处的分布式传感光纤,如图 11-72 中的 2 号和 2′号光纤。两条光纤测线分别位于 H 型钢中性面的两侧,体现在基坑环境中则是一条位于 H 型钢基坑外侧的翼缘上,一条位于 H 型钢基坑内侧的翼缘上,即七号桩应变监测长度为 48 m。图 11-102 显示了七号 H 型钢基坑外侧翼缘在基坑开挖过程中的应变分布曲线;图 11-103 显示了七号 H 型钢基坑内侧翼缘在基坑开挖过程中的应变分布曲线。图中纵坐标代表 H 型钢由桩顶(坐标为 0)到桩底(坐标为 −24 m)的距离,横坐标则是对应 H 型钢坐标位置、经过多项式拟合后的光纤应变数据。

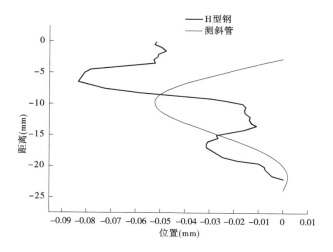

图 11-101　测斜数据与 H 型钢挠度对比

对比发现,两组应变曲线表现出以 $x=0$ 为对称轴的近似对称。这主要是因为这两条光纤测线分别位于 H 型钢的中性面两侧,总体上是对称关系,但由于受到中性面位置不确定以及环境温度变化影响,曲线形态会在局部有所差异。

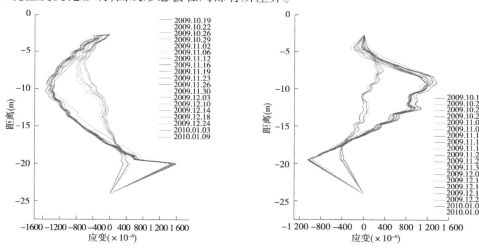

图 11-102　七号 H 型钢基坑外侧应变分布　　　　图 11-103　七号 H 型钢基坑内侧应变分布

根据这两组应变分布曲线,计算出 H 型钢桩基的弯矩分布(见图 11-104)。假定桩底位移为 0,桩顶水平位移可由全站仪精确测量,计算出其桩身的挠度分布(见图 11-105)。

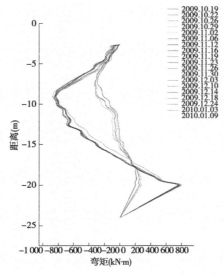

图 11-104　七号 H 型钢桩身弯矩分布

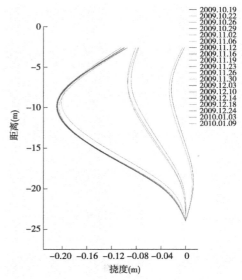

图 11-105　七号 H 型钢桩身挠度分布

如图 11-104 所示,桩身弯矩分布曲线表现出随时间变化而增长的趋势,并且在桩身上下两段分别出现了两处符号相反的弯矩峰值。虽然弯矩曲线的变化是一个渐变的过程,但在总体上可以将相似的弯矩曲线归为一组,从而将弯矩增长变化分为 3 组:2009 年10 月 19 日至 10 月 22 日为第一组,2009 年 10 月 26 日至 11 月 2 日为第二组,2009 年 11月 6 日至 11 月 12 日为第三组。与之相对应,图 11-105 中的挠度分布曲线也表现出了相类似的分组形式,这表明 H 型钢桩身的受力变形与基坑开挖步骤之间存在密切联系。

基坑开挖施工日志显示,该 H 型钢所在基坑于 2009 年 10 月 16 日正式开挖(冠梁和第一道支撑已安装完毕),10 月 19 日开挖至 - 6 m,10 月 23 日第二道支撑安装完毕,11月 2 日开挖至 - 11 m,并安装第三道支撑。将基坑开挖过程与弯矩和挠度变化过程进行对比后发现,基坑开挖深度的增加导致弯矩和挠度分布曲线的渐变,而水平支撑的安装则导致了弯矩和挠度分布曲线的突变。

另外,水平支撑的安装不仅改变了弯矩和挠度分布曲线的数值大小,同时也改变了曲线峰值的位置。图 11-104 中的弯矩分布曲线显示,桩身上部和下部的两处弯矩峰值都随着水平支撑数量的增加而出现逐步下移;图 11-105 中的挠度分布曲线则显示桩身挠度最大的位置也出现了下移。

为了验证光纤监测 SMW 工法桩的可靠性,试验中还在桩身附近埋设了测斜管,同步测量与 H 型钢位置相对应的土体水平位移。图 11-106 显示了 2011 年 10 月 22 日两种测量方法所得到的数据曲线,图形显示分布式光纤测量的 H 型钢挠度与土体水平位移具有相似性。这在一定程度上也证明了分布式光纤测量数据反应的 H 型钢受力变形状态,与真实情况相符。

5. 八号桩试验结果

由于八号桩光纤在测量过程中出现破坏,因此只对八号桩进行了两次数据的监测。

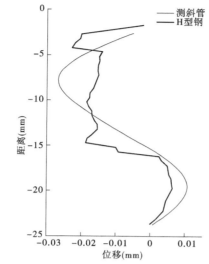

图 11-106　测斜数据与 H 型钢挠度对比

图 11-107、图 11-108 显示了 H 型钢基坑内、外侧翼缘在基坑开挖过程中的应变分布曲线，应变监测长度合计为 48 m。图中 11-107、图 11-108 纵坐标代表 H 型钢由桩顶(坐标为 0)到桩底(坐标为 - 24 m)的距离,横坐标则是对应 H 型钢坐标位置、经过多项式拟合后的光纤应变数据。

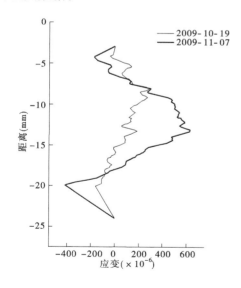

图 11-107　八号 H 型钢基坑内侧应变分布

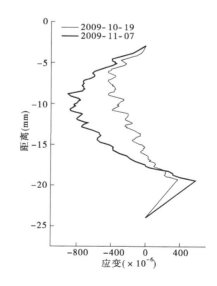

图 11-108　八号 H 型钢基坑外侧应变分布

根据这组应变分布曲线,可由式(11-7)计算出 H 型钢桩身的弯矩分布(见图 11-109)。假定桩底位移为 0、桩顶水平位移可由全站仪精确测量,则可由式(11-8)计算出其桩身的挠度分布(见图 11-110)。

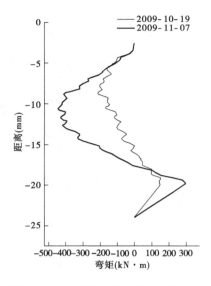

图 11-109　八号 H 型钢桩身弯矩分布

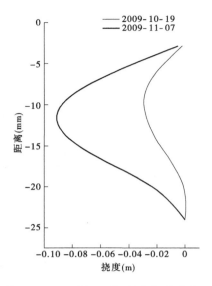

图 11-110　八号 H 型钢桩身挠度分布

图 11-111 显示了 2011 年 10 月 28 日斜测管与分布式光纤测量方法所得到的数据曲线,图形显示分布式光纤测量的 H 型钢挠度与土体水平位移具有相似性。

虽然只有两期的数据,但是由八号桩的数据可以看出其与九号桩数据的相似性,这是因为八号桩与九号桩靠近的缘故,光纤测量数据真实地反映了现场的实际情况。

6. 九号桩分析

图 11-112 显示了 H 型钢基坑内侧翼缘在基坑开挖过程中的应变分布曲线,应变监测长度为 24 m。图中纵坐标代表 H 型钢由桩顶(坐标为 0)到桩底(坐标为 -24 m)的距离,横坐标则是对应 H 型钢坐标位置、经过多项式拟合后的光纤应变数据。

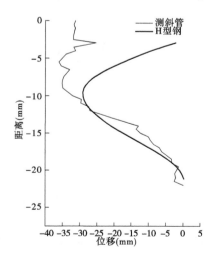

图 11-111　测斜数据与 H 型钢挠度对比

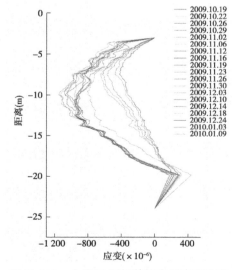

图 11-112　九号 H 型钢基坑内侧应变分布

根据这两组应变分布曲线,可由式(11-7)计算出 H 型钢桩身的弯矩分布(见图 11-113)。假定桩底位移为 0、桩顶水平位移可由全站仪精确测量,则可由式(11-8)计算出其桩身的挠度分布(见图 11-114)。

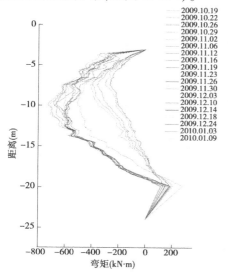

图 11-113　九号 H 型钢桩身弯矩分布

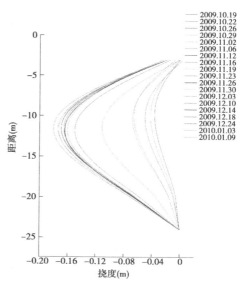

图 11-114　九号 H 型钢桩身挠度分布

从九号型钢的应变、弯矩、挠度分布图中可以看出,2009 年 11 月 30 日以后的测量数据显示,应变和弯矩出现减小的情况。这是因为在九号桩的南面有另外一个基坑,因此随着九号桩南面土体的开挖,桩就会出现卸载的情况,弯矩和应变就会有一定程度的减少。

图 11-115 显示了 2011 年 10 月 22 日测斜管和分布式光纤两种测量方法所得到的数据曲线,图形显示分布式光纤测量的 H 型钢挠度与土体水平位移具有相似性。这在一定程度上也证明了分布式光纤测量数据反应的 H 型钢受力变形状态,与真实情况相符。

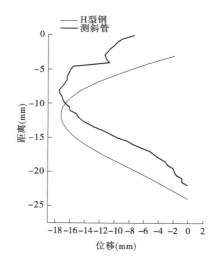

图 11-115　测斜数据与 H 型钢挠度对比

11.4.5.3　安全预警

以上监测数据显示,该 H 型钢桩身弯矩最大值超过 900 kN·m,而桩身挠度也超过了 0.2 m,这表明桩身受力变形过大,已超出安全工作范围。监测人员及时将此情况向建设单位发出了安全预警。在建设单位组织的现场检查中,发现以下两处安全隐患:

(1)冠梁开裂:在 SMW 工法桩以北 8 m 的冠梁出现开裂(见图 11-116)。

(2)H 型钢焊缝张裂:人工挖除基坑中 H 型钢表面水泥土后发现,有少部分 H 型钢

图 11-116　冠梁开裂

的焊缝已经张裂(见图 11-117)。

图 11-117　H 型钢焊缝张裂

　　针对现场检查发现的问题,结合监测数据所显示的 H 型钢受力变形特性,建设单位对关键部位进行了强化加固,从而避免了基坑围护结构的进一步破坏。

11.4.5.4　结果分析

　　(1)室内试验的应变测量数据显示,在各级荷载作用下光纤所测量的 H 型钢应变与电阻应变的测量值非常接近。与应变片测量数据相比,光纤的数据测量值更加符合 H 型钢变形规律。对于应变片,其测量的数据是点式的,而光纤测量的数据是连续的,因此相比于应变片测量,光纤分布式测量更加适用于一些变形连续稳定的结构,而应变片的数据跳跃性就比较大,因而分布式应变数据更优。

　　(2)敷设在翼缘与腹板夹角处的光纤应变分布,上下翼缘的应变测量值以 $y=0$ 为对称轴,波形相互对称,符合 H 型钢受四点弯作用的变形规律。图 11-80 显示的是敷设在翼缘处的光纤应变分布,下翼缘的应变测量值波形不规律,且不能与上翼缘的应变测量值相对称,两者测量值之间的差异在 70 $\mu\varepsilon$ 左右。这主要是因为翼缘在荷载作用下发生了附加变形。结构的附加变形造成的上下翼缘测量数据的不对称,光纤测量值直接就能反应出来。这更加说明了光纤对变形的敏感性,其在测量结构变形时的准确性。因此,分布式传感光纤敷设的最佳位置在翼缘与拐角处,翼缘则由于变形因素复杂而不适宜作为传感光纤的敷设位置。

(3)在未受到翼缘附加变形干扰的情况下,加强型光纤和普通光纤在翼缘与腹板夹角处的测量值非常接近,两者之间的测量值在 30 $\mu\varepsilon$ 左右。虽然加强型光纤比传统普通光纤多了外侧的保护层,但是由于两种光纤都是通过环氧树脂与结构紧密的贴合在一起,这就保证了光纤与结构变形的同步性,结构变形时光纤也跟着同时变形,所以两种光纤测量数据相差不大。加强型光纤并没有因为外层保护而失去其应变测量的敏感性,说明两种光纤均可以适用于实际结构。

(4)由普通光纤和加强型光纤的应变测量值,可近似计算出弯矩和挠度,与理论计算弯矩和挠度曲线非常接近。在跨中处,加强型光纤应变计算出的弯矩测量值与理论值的差异大概在 2.5%,普通光纤应变计算出的弯矩测量值与理论值的差异大概在 3.8%;加强型光纤应变计算出的挠度测量值与理论值的差异大概在 1.4%,普通光纤应变计算出的挠度测量值与理论值的差异大概在 2.8%。产生上述差异的原因是理论计算时 y 值用的是翼缘外边缘到腹板中心处的距离,而实际上由于光纤外层护套厚度的影响,y 值会因此而减小,这就导致了测量值与理论值的差异。通过计算,因为 y 值而产生的弯矩和挠度差异与上述误差相近,这也说明了光纤测量值的准确性。

(5)通过 Ansys 建模,分析型钢的变形趋势,发现同光纤测量的数据分析的变形趋势很接近,说明了光纤测量数据同理论值很接近。

(6)中性面位置的确定。SMW 工法桩由于受到桩身材料性质不均匀等因素的影响,中性面位置并不一定与腹板中心重合,因而在不能确定其位置的情况下,必须通过数据处理的方法来回避中性面位置在计算桩身弯矩、挠度中的作用。

(7)温度自补偿。在计算桩身弯矩时可以通过两条翼缘上光纤应变测量值的差值来进行温度补偿,而不需要另外敷设专用的温度补偿光纤,从而实现了 SMW 工法桩的温度自补偿功能。

(8)多项式拟合。受到测量仪器算法、测量环境等多方面因素影响,分布式应变数据通常表现为连续的不平滑曲线。为了消除这种不平滑性,可以采用 Matlab 编程进行多项式拟合,从而实现分布式应变曲线数据拟合。

(9)为了验证 SMW 工法桩光纤监测的可靠性,试验中还在桩身附近埋设了测斜管,同步测量与 H 型钢位置相对应的土体水平位移。图 11-106 显示了 2011 年 10 月 22 日两种测量方法所得到的数据曲线,图形显示分布式光纤测量的 H 型钢挠度与土体水平位移具有相似性。这在一定程度上也证明了分布式光纤测量数据反应的 H 型钢受力变形状态,与真实情况相符。

(10)安全预警。从监测数据上显示,该 H 型钢桩身弯矩最大值超过 900 kN·m,而桩身挠度也超过了 0.2 m,这表明桩身受力变形过大,已超出安全工作范围。监测人员及时将此情况向建设单位发出了安全预警,施工方及时进行现场勘查修复,从而避免了工程事故的发生。

附录　光纤多通道扩展器软件

1　控制电路程序

本程序使用 keil uvision 4 软件以 C 语言形式编写,写到单片机里面以后,单片机小系统便可按照要求正常运行。

单片机系统通上电源以后,数码管其中一位就会显示为 1;而此时光开关未收到单片机最小系统发出的任何信号,也显示初值,即光通道 1 打开。此时若按下按键 key1 ~ key8 中的任意一位,数码管就会显示按键响应的数字,并且将该数字发送给光开关,使得关开关 P1 引脚的值发生变化,从而选通与按键编号相对应的通道。光开关同一时间只能选通八个通道中的一个,因此除了被选通的那个通道,其余七个通道都会处于闭合的状态。

为实现要求的功能,本设计编写如下程序:

```
#include < reg52. h >
#define uint unsigned int
#define uchar unsigned char
sbit P2_0 = P2^0;
uchar code table[ ] = {0xc0,0xf9,0xa4,0xb0,0x99,0x92,0x82,
                       0xf8,0x80,0x90};
uint num,a,temp;
sbit key1 = P1^0;
sbit key2 = P1^1;
sbit key3 = P1^2;
sbit key4 = P1^3;
sbit key5 = P1^4;
sbit key6 = P1^5;
sbit key7 = P1^6;
sbit key8 = P1^7;
void delay(uint z)
  {
  uint x,y;
  for(x = 110;x > 0;x - -)
    for(y = z;y > 0;y - -);
  }
void init( )
  {
  TMOD = 0x20;
  TH1 = 0xfd;
```

```
      TL1 = 0xfd;
      TR1 = 1;
      SM0 = 0;
      SM1 = 1;
      REN = 1;
      EA = 1;
      ES = 1;
      num = 1;
}
void main( )
{
    init( );
    while( 1 )
    {
        temp = P1;
        a = num;
        switch( temp )
        {
            case 0xfe:
                delay( 10 );
                if( temp = = 0xfe )
                {
                    num = 1;
                    while( ! key1 );
                }
            case 0xfd:
                delay( 10 );
                if( temp = = 0xfd )
                {
                    num = 2;
                    while( ! key2 );
                }
            case 0xfb:
                delay( 10 );
                if( temp = = 0xfb )
                {
                    num = 3;
                    while( ! key3 );
                }
            case 0xf7:
                delay( 10 );
                if( temp = = 0xf7 )
```

```
          |
            num = 4;
            while( ! key4);
          |
      case 0xef:
          delay(10);
          if( temp = = 0xef)
          |
            num = 5;
            while( ! key5);
          |
      case 0xdf:
          delay(10);
          if( temp = = 0xdf)
          |
            num = 6;
            while( ! key6);
          |
      case 0xbf:
          delay(10);
          if( temp = = 0xbf)
          |
            num = 7;
            while( ! key7);
          |
      case 0x7f:
          delay(10);
          if( temp = = 0x7f)
          |
            num = 8;
            while( ! key8);
          |
      |
    P2_0 = 0;
    P0 = table[ num];
    delay(500);
    P2_0 = 1;
    SBUF = num;
    while( ! TI);
    TI = 0;
  |
|
```

2　光开关模块程序

本段程序实现的功能是,当模块收到控制模块发送来的信号时,单片机就会驱动光开关开通相应的那条通道,其余 7 条通道会处于闭合状态。

```c
#include < reg51. h >
#define uint unsigned int
#define uchar unsigned char
uchar code Switch[ ] = {0x0a,0x09,0x0d,0x08,0x00,0x50,0x10,0x20};
uint a;
void init( )
  {
    TMOD = 0x20;
    TH1 = 0xfd;
    TL1 = 0xfd;
    TR1 = 1;
    REN = 1;
    SM0 = 0;
    SM1 = 1;
//   EA = 1;
  }
void main( )
  {
    init( ) ;
    P1 = 0x0a;
    while(1)
      {
        if( RI = = 1 )
      {
        RI = 0;
        a = SBUF;
        P1 = Switch[ - - a];
      }
      }
  }
```

参考文献

[1] 中华人民共和国水利部. 2018 年全国水利发展统计公报[M].北京:中国水利水电出版社,2019.

[2] 叶家峻,张淑华,吴岩. 土坝的养护及常见病害的处理[J]. 黄河水利职业技术学院学报,2009,21(1):15-17.

[3] 汪自力,周杨,张宝森. 黄河下游堤防安全管理技术探讨[J]. 长江科学院院报,2009,26(S1.):96-99.

[4] 朱德兵. 工程地球物理方法技术研究现状综述[J]. 地球物理学进展,2002,17(1):163-170.

[5] 赵志宏, 邢庆祝. 综合物探技术在书库堤防渗漏通道探测中的应用[J]. 矿产勘查,2011,2(3):322-323.

[6] 谢向文, 马爱玉, 张晓予. 堤防隐患探测和险情监测技术研讨[J]. 大坝与安全,2004(1):24-26.

[7] 菊燕宁. 土坝体型优化设计与研究[M].西安:西安理工大学出版社, 2006.

[8] 龚壁建, 周力峰,董建军,等. 堤防工程探测与监测[M].北京:中国水利水电出版社 ,2005.

[9] 孙胜利.水库土坝渗漏的原因与处理措施[J].中国水运,2008,8(5):148-149.

[10] 邢庆祝,赵志宏. 透地雷达法在水库堤防工程中的应用[J]. 广东土木与建筑,2007(9):59-60.

[11] 陈义群,肖柏勋, 论探地雷达现状与发展[J].工程地球物理学报,2005(2):31.

[12] 葛双成, 江影, 颜学军. 综合物探技术在堤坝隐患探测中的应用[J]. 地球物理学进展,2006,21(1):263-266.

[13] 李富强, 王钊.堤坝隐患探测技术综述[J]. 人民黄河,2004, 26(10):15-17.

[14] 高亚成, 冷元宝. 高密度电阻率法的试验研究与应用[J]. 勘探科学技术,2005(6):61-64.

[15] 邓居智. 高密度电阻率法在水坝隐患探测中的应用[J]. 工程勘探,2002(6):62-64.

[16] 孟立凡, 蓝金辉. 传感器原理与应用[M].北京:电子工业出版社, 2008.

[17] Colla C,Sonic. Electromagnetic and impulse radar investigation of stone masonry bridges[J]. NDTE Int. 1988(30):249-254.

[18] Cheng C, Sansalone M. The impact-echo response of concrete plates containing delaminations-numerical experimental and field studies[J]. Mater. Struct. ,1993(26):274-285.

[19] Hugenschmidt J. Concrete bridge inspection with mobile GPRs system[J]. Construction and Building Mater. ,2002(16):147-154.

[20] Castro P. Characterization of activated titanium solid reference electrodes forcorrosion testing of steel in concrete[J]. Corrosion,1996(52):609-617.

[21] Zhu Pingyu, Lei hua, Leng Yuanbao. Application study on a detecting tube for deformation settlement monitoring for earth dike based on distributed optical fiber sensors[J]. Applied Mechanics and Materials. 2012(103):327-330.

[22] Facchini M. Distributed optical fiber sensors based Brillouin scattering[R]. Switzerland, EPFL, 2001.

[23] 张丹 ,施斌,吴智深,等. BOTDR 分布式光纤传感器及其在结构健康监测中的应用[J]. 土木工程学报 ,2003 ,36(11):84-87.

[24] 王宝军, 施斌. 边坡变形的分布式光纤监测试验研究及实践[J]. 防灾减灾工程学报, 2003,36(11):84-86.

[25] 丁勇,施斌,崔何亮,等.光纤传感网络在边坡稳定监测中的应用研究[J].岩石工程学报,2005,27(3):338-342.

[26] 隋海波,施斌,张丹,等. 边坡工程分布式光纤监测技术研究[J].岩石力学与工程学报,2008,27

（2）:3725-3731.

[27] 朱萍玉,蒋桂林,冷元宝.采用分布式光纤传感技术的土坝模型渗漏监测分析[J].中国工程科学 2011,13(3):82-85,96.

[28] Zhu Pingyu, Luc Thenevaz, Leng Yuanbao, et al. Design of simulator for seepage detection in an embankment based on distributed optic fibre sensing technology[J]. Chinese Journal of Science and Instruments, 2007, 28(3):431-436.

[29] 蔡德所.分布式光纤传感监测三峡大坝混凝土温度场试验研究[J].水利学报,2003(5):88-91.

[30] 丁睿,刘浩吾,罗凤林,等.分布式光纤传感器裂缝传感模型试验[J].四川大学学报(工程科学版),2004,36(3):24-27.

[31] M Aufleger, Th. Strobl, J Dornstadter. Fiber optic temperature measurements for dam monitoring[C]. Intersity Press,121-128.

[32] Bao Xiaoyi, Zou Lufan, Yu Qinrong, et al. Development and aplications of he distributed temperatre and strain sesnsor based on Brilloin scattering Sensors[J]. Proc of IEEE,2004(3):1210-1213.

[33] Daniele I, Branko G. Reliability and field testing of distributed strain and temperature sensors[J]. Proc. Of SPIE,2006,6167.

[34] 王惠文,江先进,赵长明,等.光纤传感技术与应用[M].北京:国防工业出版社,2001.

[35] S Johansson, M Farhadiroushan. Seepage and strain monitoring in embankment dams using distributed sensing in optical fibres-theoretical background and experiences from some installations in Sweden[R]. International Symposium on Dam Safety and Detection of Hidden Troubles, 2005, Xi'an, China.

[36] 张桂生,毛江鸿,何勇,等.基于 BOTDR 的隧道变形监测技术研究[J].公路,2010(2):205-208.

[37] 刘山洪,魏建东,钱永久.光纤传感器在桥梁监控中的应用分析[J].重庆交通学院学报,2005,24(3):4-7.

[38] 刘景利,苏兆斌,邓瑞.光纤传感器在油气勘探上的应用[J].国外油田工程,2009,25(6):44-45.

[39] 庄须叶,王浚璞,邓勇刚,等.光纤传感技术在管道泄漏检测中的应用与发展[J].光学技术,2011,37(5):543-549.

[40] 潘向荣,李志新,赵志强,等.分布式光纤测温系统应用的可行性[J].黑龙江电力,2011,33(3):211-214.

[41] 李强,王艳松,刘学民.光纤温度传感器在电力系统中的应用现状综述[J].电力系统保护与控制 2010,38(1):136-138.

[42] 陈继宣,龚华平,张在宣,等.光纤传感器的工程应用及发展趋势[J].光器件,2009,33(10):38-40.

[43] 孙东亚,Markus Aufleger.基于光纤温度测量的土石坝渗漏监测技术[J].水利水电科技进展,2000,20(4):29-70.